MANUAL de

INSTALACIONES ELÉCTRICAS

y AUTOMATISMOS

Tomo I

Miguel D'Addario

CE

2016

ISBN-13: 978-1530456611

ISBN-10: 1530456614

Índice general
Tomo I

MÓDULO CUATRO INSTALACIONES ELÉCTRICAS
Y AUTOMATISMOS

U.D. 1 REPRESENTACIÓN GRÁFICA Y
SIMBOLOGÍA EN LAS INSTALACIONES
ELÉCTRICAS

M 4 / UD 1

INTRODUCCIÓN

El trabajo del técnico requiere siempre la interpretación y elaboración de planos. Desde el esquema de un simple punto de luz hasta la más complicada instalación se representan con símbolos.

La mayor parte de los símbolos que se presentan deben memorizarse. La experiencia dirá cuáles de hecho son imprescindibles, pero, como en la lectura, cuantos más se sepan, más rápidamente se podrán leer o dibujar los planos.

Junto a los símbolos hay que recordar y entender la nomenclatura de elementos. En un plano, de una o de mil páginas, todo elemento, borne o cable debe ser identificable y distinguible de los demás.

Los símbolos que se presentan son los normalizados, pero es muy frecuente encontrarse símbolos antiguos o que siguen otras normativas. El profesional debe tener suficiente información para poder interpretar cualquier plano.

MÓDULO CUATRO INSTALACIONES ELÉCTRICAS Y AUTOMATISMOS
U.D. 1 REPRESENTACIÓN GRÁFICA Y SIMBOLOGÍA EN LAS INSTALACIONES ELÉCTRICAS

9

OBJETIVOS

- Conocer los principales símbolos normalizados actuales.
- Conocer las normas de referenciado en los esquemas.

1. SÍMBOLOS GRÁFICOS

1.1. Importancia

La representación gráfica en esquemas es una parte importantísima de los conocimientos necesarios para el técnico. Por una parte, el diseñador plasma sus circuitos en esquemas que deben ser inteligibles para todos. Por otra, el profesional instalador y de mantenimiento sólo puede conocer la instalación a realizar o el circuito a reparar interpretando los esquema dibujados por otros. Es ésta, por tanto, una parte esencial para todo técnico.

Y no sólo es importante el dibujo, sino también el referenciado de los elementos. En un esquema o colección de esquemas no debe haber ningún elemento (borne, hilo, componente o máquina) que pueda confundirse con otro. Este aspecto es simple cuando se piensa en un esquema de una sola página, pero es esencial y crítico en instalaciones cuyos esquemas constituyen una colección de varios volúmenes y miles de páginas.

La colección de símbolos que se proponen es conforme a las normas IEC, tal como se comentará. Pero hay que tener presente que hay otras colecciones de símbolos, bien antiguos, bien de otros países, que deberían ser conocidos por todo técnico competente.

1.2. Referencia a normas IEC

IEC 1082-1 (extractos):

Entre las numerosas aportaciones de la norma IEC 1082-1 (diciembre de 1992), relativa a la documentación electrotécnica, mencionamos dos artículos que modifican los hábitos de representación en los esquemas eléctricos.

Artículo 4.1.5. Escritura y orientación de la escritura: "...Toda escritura que figure en un documento debe poderse leer con dos orientaciones separadas por un ángulo de 90° desde los bordes inferior y derecho del documento." Este cambio afecta principalmente a la orientación de las referencias de las bornes que, en colocación vertical, se leen de abajo a arriba (ver ejemplos siguientes).

Artículo 3.3. Estructura de la documentación: "La presentación de la documentación conforme a una estructura normalizada permite subcontratar e informatizar fácilmente las operaciones de mantenimiento. Se admite que los datos relativos a las instalaciones y a los sistemas pueden organizarse mediante estructuras arborescentes que sirven de base. La estructura representa el modo en que el proceso o producto se subdivide en procesos o subproductos de menor tamaño. Dependiendo de la finalidad, es posible distinguir estructuras diferentes, por ejemplo una estructura orientada a la función y otra al emplazamiento...”

Se debe adquirir el hábito de preceder las referencias de los aparatos eléctricos por un signo “–”, ya que los signos “=” y “+” quedan reservados para los niveles superiores (por ejemplo, máquinas y talleres).

Antiguo símbolo   Nuevo símbolo

2. SÍMBOLOS PRINCIPALES

2.1. Naturaleza de las corrientes

Corriente alterna	$\sim$
Corriente continua	$=$
Corriente rectificada	$\sim$
Corriente alterna trifásica de 50 Hz	3 $\sim$ 50 Hz
Tierra	⏚
Masa	🔻
Tierra de protección	⏚
Tierra sin ruido	⏚

2.2. Tipos de conductores

Conductor, circuito auxiliar	
Conductor, circuito principal	
Haz de 3 conductores	L1 / L2 / L3
Representación de un hilo	
Conductor neutro (N)	
Conductor de protección (PE)	
Conductor de protección y neutro unidos	
Conductores apantallados	
Conductores par trenzado	

2.3. Contactos

Contacto "NA" (de cierre)	1 principal 2 auxiliar	
Contacto "NC2 (de apertura)	1 principal 2 auxiliar	
Interruptor		
Seccionador		
Contactor		
Ruptor		
Disyuntor		
Interruptor-seccionador		
Interruptor-seccionador de apertura automática		
Fusible-seccionador		

Contactos de dos direcciones no solapado (apertura antes de cierre)	
Contactos de dos direcciones solapado	
Contacto de dos direcciones con posición mediana de apertura	
Contactos presentados en posición accionada	NO NC
Contactos de apertura o cierre anticipado. Funcionan antes que los contactos restantes de un mismo conjunto	NO NC
Contactos de apertura o cierre retardado. Funcionan más tarde que los contactos restantes de un mismo conjunto	NO NC
Contacto de paso con cierre momentáneo al accionamiento de su mando	
Contacto de paso con cierre momentáneo al desaccionamiento de su mando	
Contactos de cierre de posición mantenida	
Interruptor de posición	NO NC
Contactos de cierre o apertura temporizados al accionamiento	NO NC
Contactos de cierre o apertura temporizados al desaccionamiento	NO NC
Interruptor de posición de apertura, de maniobra de apertura positiva	Ð S1 21 22

2.4. Mandos de control

Mando electromagnético Símbolo general	
Mando electromagnético Contactor auxiliar	
Mando electromagnético Contactor	
Mando electromagnético de 2 devanados	
Mando electromagnético de puesta en trabajo retardada	
Mando electromagnético de puesta en reposo retardada	
Mando electromagnético de un rel de remanencia	
Mando electromagnético de enclavamiento mecánico	
Mando electromagnético de un rel polarizado	
Mando electromagnético de un rel intermitente	
Mando electromagnético de un rel por impulsos	
Mando electromagnético de accionamiento y desaccionamiento retardados	
Bobina de relé RH temporizado en reposo	
Bobina de relé RH de impulso en desactivación	
Bobina de electroválvula	

2.5. Órganos de medida

Relé de medida o dispositivo emparentado Símbolo general	
Relé de sobreintensidad de efecto magnético	- F1
Relé de sobreintensidad de efecto térmico	- F1
Relé de máxima corriente	- F1 $I\!>$
Relé de mínima tensión	- F1 $U\!<$
Relé de falta de tensión	- F1 $U\!=\!0$
Dispositivo accionado por frecuencia	- F1 f
Dispositivo accionado por el nivel de un fluido	- S1
Dispositivo accionado por un número de sucesos	- S1
Dispositivo accionado por un caudal	- S1
Dispositivo accionado por la presión	- B1 P

2.6. Mandos mecánicos y motorizados

Descripción	Símbolo
1 Enlace mecánico (forma 1) 2 Enlace mecánico (forma 2)	1 ----- 2 =
Dispositivo de retención	
Dispositivo de retención en toma	
Dispositivo de retención liberado	
Retorno automático	
Retorno no automático	
Retorno no automático en toma	
Enclavamiento mecánico	
Dispositivo de bloqueo	
Dispositivo de bloqueo activado, movimiento hacia la izquierda bloqueado	
Mando mecánico manual de pulsador (retorno automático)	- S1
Mando mecánico manual de tirador (retorno automático)	- S1
Mando mecánico manual rotativo (de desenganche)	- S1
Mando mecánico manual "de seta"	- S1
Mando mecánico manual de volante	- S1
Mando mecánico manual de pedal	- S1
Mando mecánico manual de acceso restringido	- S1

Mando mecánico manual de palanca	- S1
Mando mecánico manual de palanca con maneta	- S1
Mando mecánico manual de llave	- S1
Mando mecánico manual de manivela	- S1
Enganche de pulsador de desenganche automático	- S1
Mando de roldana	- S1
Mando de leva y roldana	- S1
Control mediante motor eléctrico	(M)
Control por acumulación de energía mecánica	- S1
Control por reloj eléctrico	- S1
Acoplamiento mecánico sin embrague	
Acoplamiento mecánico con embrague	
Traslación: 1 derecha, 2 izquierda, 3 en ambos sentidos	1 → 2 ← 3 ↔
Rotación: 1-2 unidireccional, en el sentido de la flecha 3 en ambos sentidos	1 2 3
Rotación limitada en ambos sentidos	
Mecanismo de desactivación libre	

2.7. Otros mandos

Mando por efecto de proximidad	- S1 ◁▷--
Mando por roce	- S1 ◁▷--
Dispositivo sensible a la proximidad, controlado por la aproximación de un imán	[◁▷--
Dispositivo sensible a la proximidad, controlado por la aproximación del hierro	Fe ◁▷--
Mando neumático o hidráulico de efecto simple	- Y1 ⊟--
Mando neumático o hidráulico de efecto doble	- Y1 ⊟--

2.8.- Componentes y otros elementos

Cortocircuito fusible	
Cortocircuito fusible con percutor	
Diodo	
Rectificador en acoplamiento de doble vía (Puente rectificador) Símbolo desarrollado - Símbolo simplificado	
Tiristor	
Transistor NPN	
Condensador	
Elemento de pila o de acumulador	
Resistencia	
Shunt	
Inductancia	
Potenciómetro	
Resistencia dependiente de la tensión: varistancia	
Resistencia dependiente de la temperatura: termistancia	
Fotorresistencia	
Fotodiodo	
Fototransistor (tipo PNP)	

Transformador de tensión	
Autotransformador	
Transformador de corriente	
Chispómetro	
Pararrayos	
Arrancador de motor Símbolo general	
Arrancador estrella-trángulo	
Aparato indicador Símbolo general	
Amperímetro	
Aparato grabador Símbolo general	
Amperímetro grabador	
Contador Símbolo general	
Contador de amperios-hora	
Freno Símbolo general	
Freno apretado	
Freno aflojado	
Reloj	

Válvula	
Electroválvula	
Contador de impulsos	
Contador sensible al roce	
Contador sensible a la proximidad	
Detector de proximidad inductivo	
Detector de proximidad capacitivo	
Detector fotoeléctrico	
Convertidor (símbolo general)	

2.9. Señalización

Lámpara de señalización o de alumbrado (1)	
Dispositivo luminoso intermitente (1)	
Avisador acústico	
Timbre	
Sirena	
Zumbador	

(1) Si se desea especificar:
* El color

Rojo	RD	o C2
Naranja	OG	o C3
Amarillo	YE	o C4
Verde	GN	o C5
Azul	BU	o C6
Blanco	WH	o C9

* El tipo

Neón	Ne
Vapor de sodio	Na
Mercurio	Hg
Yodo	I
Electroluminescente	EL
Fluorescente	FL
Infrarrojo	IR
Ultravioleta	UV

2.10. Bornes y conexiones

Derivaciónn		
Derivaciónn doble		
Cruce sin conexión		
Borne		
Puente de bornes, ejemplo con referencias de bornes		11 12 13 14
Puente de bornes, ejemplo con referencias de bornes		11 12 13 14
Conexión por contacto deslizante		
Clavija	1 - Mando 2 - Potencia	1 2
Toma	1 - Mando 2 - Potencia	1 2
Clavija y toma	1 - Mando 2 - Potencia	1 2
Conjunto de conectores Partes fija y variable acopladas		

2.11. Máquinas eléctricas

Motor asíncrono trifásico, de rotor en cortocircuito	
Motor asíncrono monofásico	
Motor asíncrono de dos devanados estatóricos separados (motor de dos velocidades)	
Motor asíncrono con seis bornas de salida (acoplamiento estrella-triángulo)	
Motor asíncrono de acoplamiento de polos (motor de dos velocidades)	
Motor asíncrono trifásico, rotor de anillos	
Motor de imán permanente	
Motor asíncrono equipado con sondas de termistancia	

Generador de corriente alterna	
Generador de corriente continua	
Conmutador (trifásico/continuo) de excitación en derivación	
Motor de corriente continua de excitación separada	
Motor de corriente continua de excitación en serie	
Motor de corriente continua de excitación compuesta	

2.12. Comparación

Esta pequeña tabla comparativa, además de indicar la diferente simbología, permite entender que no siempre un símbolo de una u otra norma son similares.

Hay que destacar, por su importancia, los símbolos de contacto y de contactor.

	Normas europeas	Normas EE.UU.
Contacto de cierre "NA" Potencia-Control		
Contacto de apertura "NC" Potencia-Control		
Contacto temporizado al accionamiento	NO · NC	NC · NO
Contacto temporizado al desaccionamiento	NO · NC	NC · NO
Cortocircuito fusible		
Relé de protección	Térmico · Magnético	
Bobinas	A1 · A2	A · B
Seccionadores		
Disyuntores		Magnético · Magneto-térmico
Motores	U V W · M1 3∼	

3. REFERENCIADO EN ESQUEMAS DESARROLLADOS

Se denomina referenciado a la indicación alfanumérica que acompaña cada elemento de un plano y que debe permitir:

- identificar,

- diferenciar y

- ubicar

todos y cada uno de los elementos: tomos, páginas, componentes, bornes, conexiones, hilos, etc.

El uso de estas reglas facilita las operaciones de cableado y de puesta a punto, al tiempo que contribuye a mejorar la productividad de los equipos debido a la reducción del tiempo de mantenimiento que conlleva.

3.1. Referenciado de bornes de conexión de los aparatos

Las referencias que se indican son las que figuran en los bornes o en la placa de características del aparato. A cada mando, a cada tipo de contacto, principal, auxiliar instantáneo o temporizado, se le asignan dos referencias alfanuméricas o numéricas propias.

3.1.1. Contactos principales

La referencia de sus bornes consta de una sola cifra:

- De 1 a 6: tripulares.

- De 1 a 8: tetrapolares.

Las cifras impares se sitúan en la parte superior y la progresión se efectúa en sentido descendente y de izquierda a derecha.

En los contactores de pequeño calibre, el cuarto polo de un contactor tetrapolar es la excepción a esta regla: la referencia de sus bornes es igual a la del contacto auxiliar "NC", cuyo lugar ocupa. Por otra parte, las referencias de los polos ruptores suelen ir precedidas de la letra "R".

Contactos principales

3.1.2. Contactos auxiliares

Las referencias de los bornes de los contactos auxiliares constan de dos cifras.

Las cifras de las unidades, o cifras de función, indican la función del contacto auxiliar:

- 1 y 2: contacto de apertura.

- 3 y 4: contacto de cierre.

- 5 y 6: contacto de apertura de funcionamiento especial; por ejemplo, temporizado, de calado, de paso, de disparo térmico.

- 7 y 8: contacto de cierre de funcionamiento especial; por ejemplo. temporizado, de calado, de paso, de disparo en un relé de prealarma.

La cifra de las decenas indica el número de orden de cada contacto del aparato. Dicho número es independiente de la disposición de los contactos en el esquema.

El rango 9 (y el 0, si es necesario) queda reservado para los contactos auxiliares de los relés de protección contra sobrecargas, seguido de la función 5 y 6 ó 7 y 8.

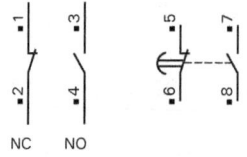

Contactos auxiliares

3.1.3. Mandos de control (bobinas)

Las referencias son alfanuméricas y la letra ocupa la primera posición:

- Bobina de control de un contactor: A1 y A2.

- Bobina de control con dos devanados de un contactor: A1 y A2, B1 y B2.

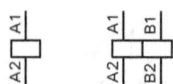

Mandos de control

3.2. Referenciado de los bornes de los borneros

3.2.1. Circuito de control

En cada grupo de bornes, la numeración es creciente de izquierda a derecha y de 1 a n.

3.2.2. Circuito de potencia

De conformidad con las últimas publicaciones internacionales, se utiliza el siguiente referenciado:

• Alimentación: L1 - L2 - L3 - N – PE.

• Hacia un motor: U - V - W ; K - L – M.

• Hacia resistencias de arranque: A - B - C, etc.

3.3. Representación del esquema de los circuitos en forma desarrollada

Este tipo de esquema es explicativo y permite comprender el funcionamiento del equipo, ejecutar su cableado y facilitar su reparación. Mediante el uso de símbolos, este esquema representa un equipo con las conexiones eléctricas y otros enlaces que intervienen en su funcionamiento.

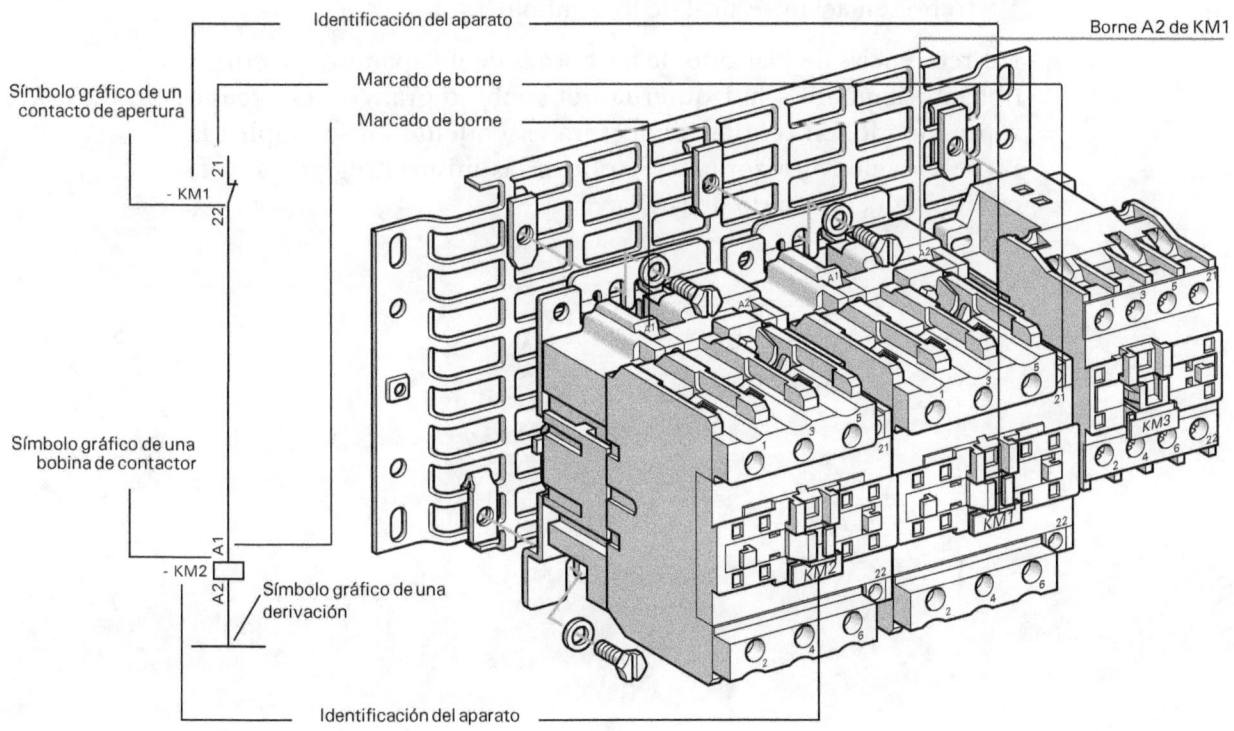

Los órganos que constituyen el aparato (bobina, polos, contactos auxiliares, etc.) no se representan los unos cerca de los otros, tal como se implantan físicamente, sino separados y situados de modo que faciliten la comprensión del funcionamiento. Salvo excepción, el esquema no debe contener ningún enlace (trazo interrumpido) entre elementos de un mismo aparato.

Se hace referencia a cada elemento por medio de la identificación del aparato, lo que permite definir su interacción. Por ejemplo, cuando se alimenta la bobina KM2, se abre el contacto 21-22 correspondiente.

Hemos podido ver anteriormente:

• Que todos los aparatos que intervienen en la composición de un equipo de automatismo se identifican por medio de una serie alfanumérica,

• Que todos los bornes de conexión de los aparatos también se identifican por medio de su marcado.

Las reglas que definen la situación de las referencias identificativas en los esquemas de circuitos son las siguientes:

• La referencia identificativa debe figurar:

– En el caso de los mandos de control, bajo el símbolo o a su izquierda (CEI 1082-1).

– En el caso de los contactos y aparatos, a la izquierda del símbolo (representación vertical de los símbolos).

• Las referencias de marcado de los bornes de un aparato se escriben obligatoriamente a la izquierda del símbolo gráfico del órgano representado, en sentido de lectura ascendente. Si se emplea la representación horizontal, se aplican las mismas reglas, pero la escritura gira un cuarto de vuelta.

Representación
vertical

Representación
horizontal

3.4. Tabla de letras identificativas de elementos

Referencia		Ejemplos de materiales
A	Conjuntos, subconjuntos funcionales (de serie)	Amplificador de tubos o de transistores, amplificador magnético, regulador de velocidad, autómata programable
B	Transductores de una magnitud eléctrica en una magnitud eléctrica o viceversa	Par termoeléctrico, detector termoeléctrico, detector fotoeléctrico dinamómetro eléctrico, presostato, termostato, detector de proximidad
C	Condensadores	
D	Operadores binarios, dispositivos de temporización, de puesta en memoria	Operador combinatorio, línea de retardo, báscula biestable, báscula monoestable, grabador, memoria magnética
E	Materiales varios	Alumbrado, calefacción, elementos no incluidos en esta tabla
F	Dispositivos de protección	Cortocircuito fusible, limitador de sobretensión, pararrayos, relé de protección de máxima de corriente, de umbral de tensión
G	Generadores Dispositivos de alimentación	Generador, alternador, convertidor rotativo de frecuencia, batería oscilador, oscilador de cuarzo
H	Dispositivos de señalización	Piloto luminoso, avisador acústico
K	Relés de automatismo y contactores	Utilizar KA y KM en los equipos importantes
KA	Relés de automatismo y contactores auxiliares	Contactor auxiliar temporizado, todo tipo de relés
KM	Contactores de potencia	
L	Inductancias	Bobina de inducción, bobina de bloqueo
M	Motores	
N	Subconjuntos (no de serie)	
P	Instrumentos de medida y de prueba	Aparato indicador, aparato grabador, contador, conmutador horario
Q	Aparatos mecánicos de conexión para circuitos de potencia	Disyuntor, seccionador
R	Resistencias	Resistencia regulable, potenciómetro, reostato, shunt, termistancia
S	Aparatos mecánicos de conexión para circuitos de control	Auxiliar manual de control, pulsador, interruptor de posición, conmutador
T	Transformadores	Transformador de tensión, transformador de corriente
U	Moduladores, convertidores	Discriminador, demodulador, convertidor de frecuencia, codificador, convertidor-rectificador, ondulador autónomo
V	Tubos electrónicos, semiconductores	Tubo de vacío, tubo de gas, tubo de descarga, lámpara de descarga, diodo, transistor, tiristor, rectificador
W	Vías de transmisión, guías de ondas, antenas	Tirante (conductor de reenvío), cable, juego de barras
X	Bornas, clavijas, zócalos	Clavija y toma de conexión, clips, clavija de prueba, tablilla de bornas, salida de soldadura
Y	Aparatos mecánicos accionados eléctricamente	Freno, embrague, electroválvula neumática, electroimán
Z	Cargas correctivas, transformadores diferenciales, filtros correctores, limitadores	Equilibrador, corrector, filtro

Todos los elementos que componen un equipo de automatismo se identifican mediante una letra (excepcionalmente dos) seguida de un número y seleccionada en esta tabla en base al tipo de elemento. Ejemplo: 1 sólo contactor KM1, varios contactores idénticos o no, KM1 , KM2, KM3, etc.

4. EJECUCIÓN DE ESQUEMAS

Los circuitos de potencia, de control y de señalización se representan en dos partes diferentes del esquema, con trazos de distinto grosor.

4.1. Representación del circuito de potencia

Las líneas horizontales de la parte superior del esquema del circuito de potencia representan la red.

Los distintos motores o aparatos receptores se sitúan en las derivaciones.

Es posible representar el circuito de potencia en forma unifilar o multifilar.

La representación unifilar sólo debe utilizarse en los casos más simples, por ejemplo, arrancadores directos, arrancadores de motores de dos devanados, etc.

En la representación unifilar, el número de trazos oblicuos que cruzan el trazo que representa las conexiones indica el número de conductores similares. Por ejemplo:

- Dos en el caso de una red monofásica.

- Tres en el caso de una red trifásica.

Las características eléctricas de cada receptor se indican en el esquema, si éste es simple, o en la nomenclatura. De este modo, el usuario puede determinar la sección de cada conductor.

Los bornes de conexión de los aparatos externos al equipo se representan igualmente sobre el trazado.

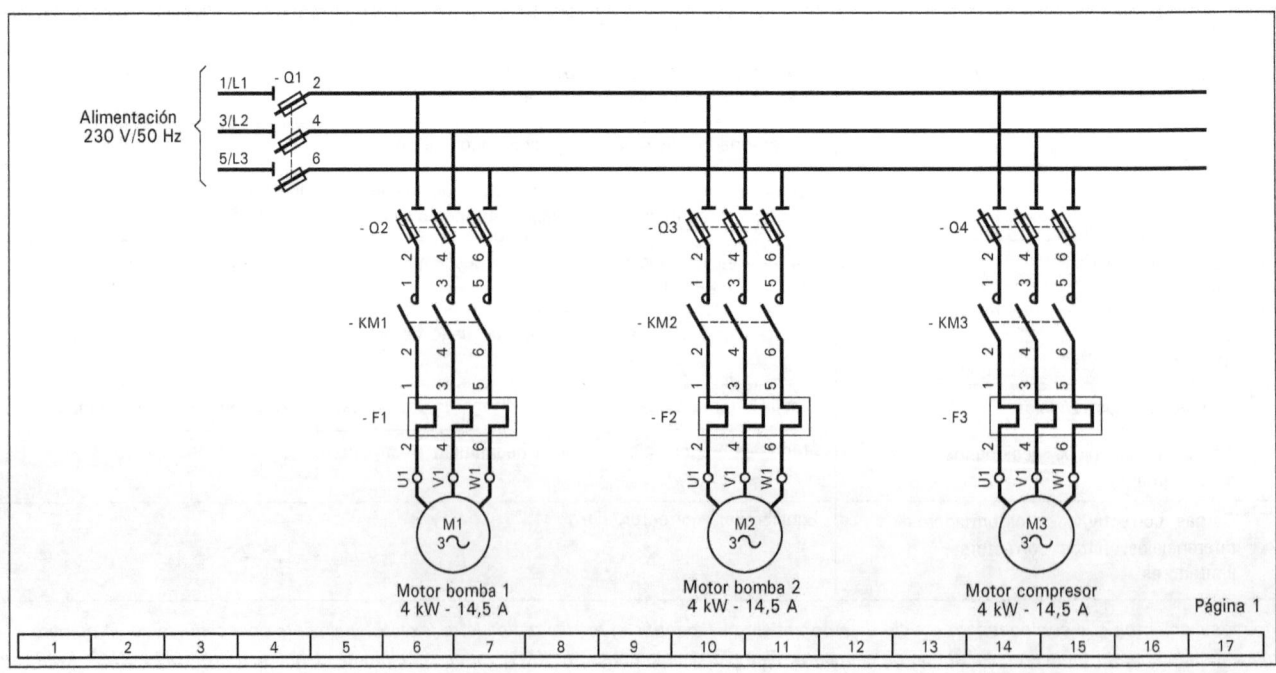

4.2. Representación de los circuitos de control y de señalización

Los circuitos de control y de señalización, y los símbolos correspondientes a los mandos de control de contactores, relés y otros aparatos controlados eléctricamente, se sitúan unos junto a otros, en el orden correspondiente a su alimentación (en la medida de lo posible) durante el funcionamiento normal.

Dos líneas horizontales o conductores comunes representan la alimentación. Las bobinas de los contactores y los distintos receptores, lámparas, avisadores, relojes, etc., se conectan directamente al conductor inferior. Los órganos restantes, contactos auxiliares, aparatos externos de control (botones, contactos de control mecánico, etc.), así como las bornes de conexión, se representan sobre el órgano controlado. Los conjuntos y los aparatos auxiliares externos pueden dibujarse en un recuadro de trazo discontinuo, lo que permite al instalador determinar fácilmente el número de conductores necesarios para su conexión (2).

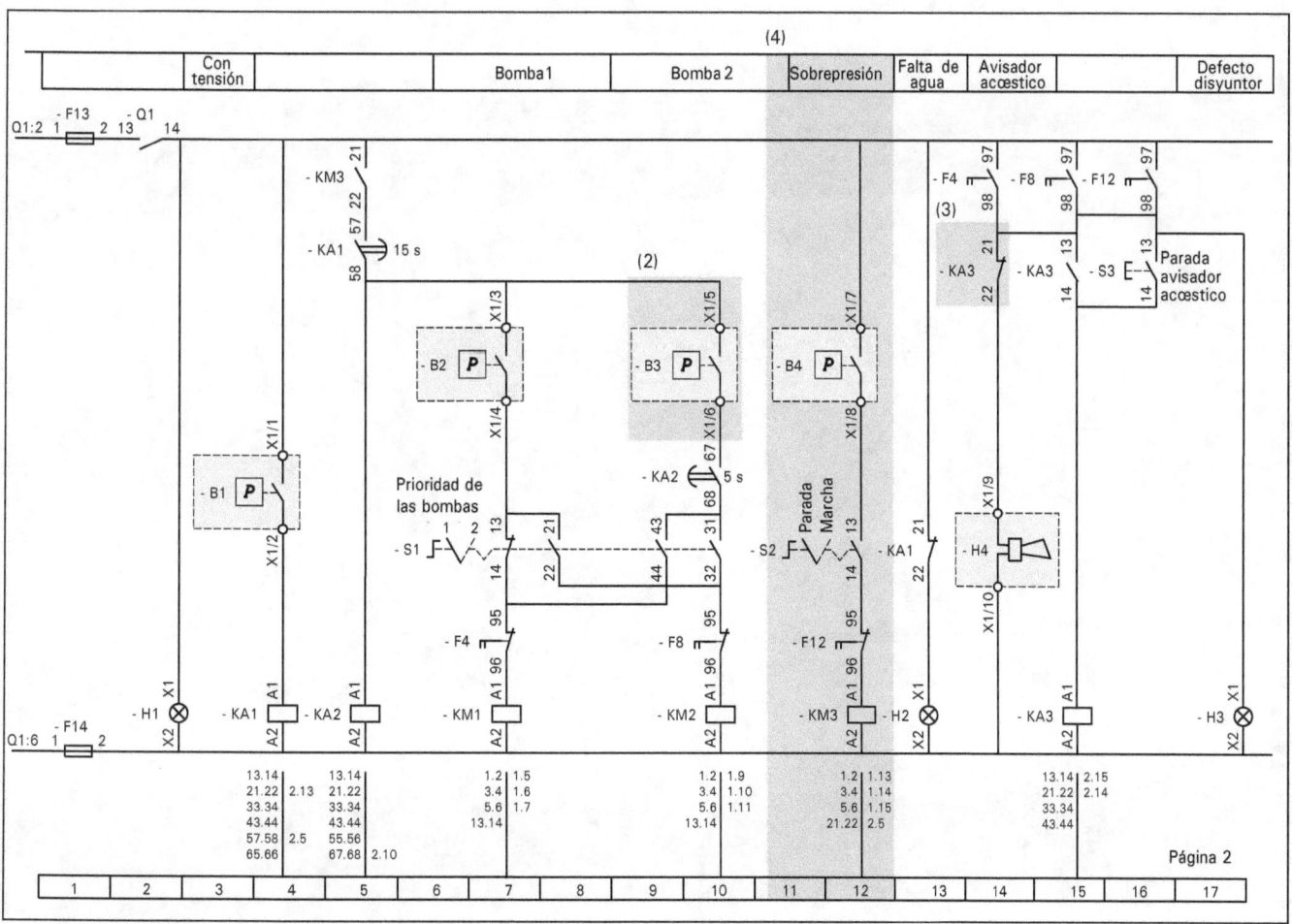

4.3. Indicaciones complementarias

Para que el esquema sea más claro, las letras y las cifras que componen las referencias identificativas que especifican la naturaleza del aparato se inscriben a la izquierda y horizontalmente. En cambio, el marcado de sus bornes se escribe a la izquierda pero de manera ascendente (3).

En una disposición horizontal, la referencia identificativa y las referencias de los bornes se sitúan en la parte superior. Dado que los aparatos están agrupados por función y según el orden lógico de desarrollo de las operaciones, su función, así como la del grupo al que pertenecen, son idénticas. En el caso de esquemas complejos, cuando resulta difícil encontrar todos los contactos de un mismo aparato, el esquema desarrollado del circuito de control va acompañado de un referenciado numérico de cada línea vertical. Las referencias numéricas de los contactos se sitúan en la parte inferior de los mandos de control que los accionan. Se incluye igualmente el número de la línea vertical en la que se encuentran (4). En caso de ser necesario, se especifica la página del esquema.

RESUMEN

Los símbolos se han agrupado por semejanza de finalidad.

Tienen especial importancia los de mecanismos de mando y control, los de contactores y los de motores.

Es de especial interés el referenciado de elementos. Su importancia se hace evidente al tener que consultar planos de varias hojas o al tener que relacionar símbolos de un esquema con los elementos del cuadro.

BIBLIOGRAFÍA

Fóuillé, A.: *Electrotecnia para ingenieros. Máquinas eléctricas,* Aguilar S.A. Ediciones

Gaucheron, E.: *Cahier tecnique. Nº 207. Les moteurs électriques. Pour mieux les piloter et les protéger,* Schneider Electric

Martín Romero, J.: *Electricidad,* Editorial Ramón Sopena, S.A.

Moeller & Werr: *Electrotecnia general y aplicada. Máquinas de cc y ca,* Editorial Labor, S.A.

Vidal Llenas, José: *Curso de Física (5ª Edición),* Artes Gráficas Grijelmo S.A.

Biblioteca Técnica, Schneider Electric

Enciclopedia Salvat de la Ciencia y de la Tecnología, Salvat Editores S.A.

Manual electrotécnico. Telesquemario. Telemecanique, Schneider Electric

Reference data for Radio Engineers, ITT

MÓDULO CUATRO INSTALACIONES ELÉCTRICAS
Y AUTOMATISMOS

U.D. 2 INSTALACIONES ELÉCTRICAS

M 4 / UD 2

ÍNDICE

INTRODUCCIÓN

Las instalaciones eléctricas nos permiten disponer de la energía eléctrica en cada punto de utilización. Pero para que estas instalaciones sean seguras han de cumplir lo dispuesto en el REBT y las Normas.

El nuevo Reglamento de 2002 constituye, junto con las Normas de obligado cumplimiento, un marco jurídico que obliga al instalador a ofrecer al usuario una seguridad y calidad mínimas determinadas.

El principal objetivo del presente Reglamento es la seguridad. La consecución de la seguridad obliga a cumplir todas y cada una de las prescripciones, tanto de fabricación como de instalación y uso.

OBJETIVOS

Conocer las protecciones eléctricas y los mecanismos que se utilizan.

Conocer los cables y canalizaciones eléctricas, según el REBT.

Conocer las principales técnicas y métodos de instalación.

Conocer la estructura del REBT.

1. INSTALACIONES ELÉCTRICAS. CLASIFICACIÓN

Las instalaciones eléctricas parten de la red pública (generación y transporte) para llegar (distribución AT, MT y BT) a cada uno de los puntos de utilización de los usuarios BT.

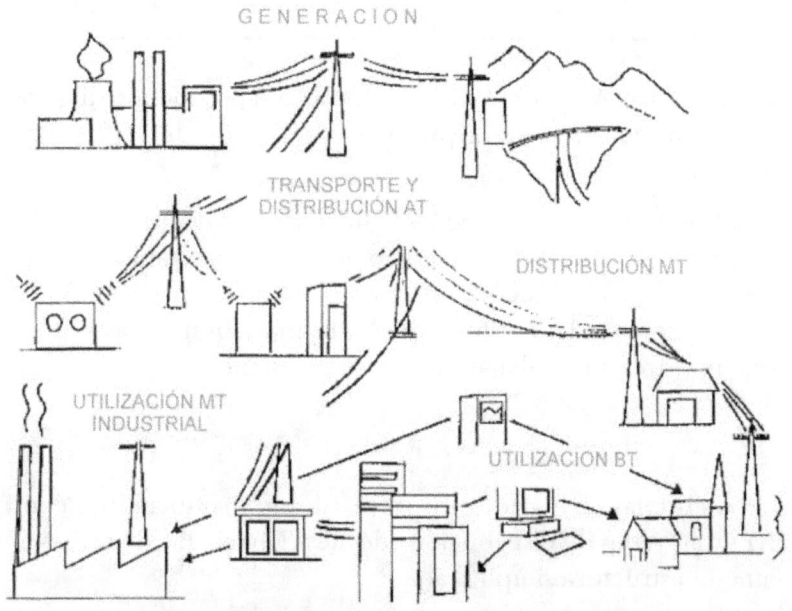

1.1. Tensiones reglamentarias

El REBT (artículos 4) fija estos valores para la BT:

Tensión	c.a. (Valor eficaz) Voltios	c.c. (Valor medio aritmético) Voltios
Pequeña	Un ≤ 50	Un ≤ 75
Usual	50 < Un ≤ 500	75 < Un ≤ 750
Especial	500 < Un ≤ **1000**	750 < Un ≤ **1500**

Indicando después que "las tensiones nominales usualmente utilizadas en las distribuciones de corriente alterna serán: a) 230 V entre fases para las redes trifásicas de tres conductores. b) 230 V entre fase y neutro, y 400 V entre fases, para las redes trifásicas de 4 conductores."

Después señala que "la frecuencia empleada en la red será de 50 Hz".

Las tolerancias admitidas en tensión son ± 7% (RD 1955/2000) y en frecuencia ± 0,3% (RD 1995/2000 que remite a UNE 50 160).

El RAT clasifica las tensiones en

Media Tensión (MT)	1 kV < U ≤ 50 kV
Alta Tensión (AT)	50 kV ≤ U ≤ 300 kV
Muy Alta Tensión (MAT)	300 kV < U < 800 kV

Las tensiones AT y MAT pertenecen al mundo de la producción, transporte y distribución. Sólo las manipulan los técnicos de las empresas suministradoras.

En cambio, la MT es la tensión de los centros de transformación MT/BT que son los primeros que hay aguas arriba de los usuarios, tanto industriales como domésticos. Las acometidas BT y las redes de distribución BT están directamente conectadas a estos centros. Es más, en muchas industrias se utilizan motores que trabajan, por ejemplo, a 6 kV.

1.2. Distribución y utilización

Según lo dicho, las redes de transporte (desde producción a centros MAT/AT) y las redes de distribución (desde AT hacia BT de utilización) tendrían esta estructura simplificada

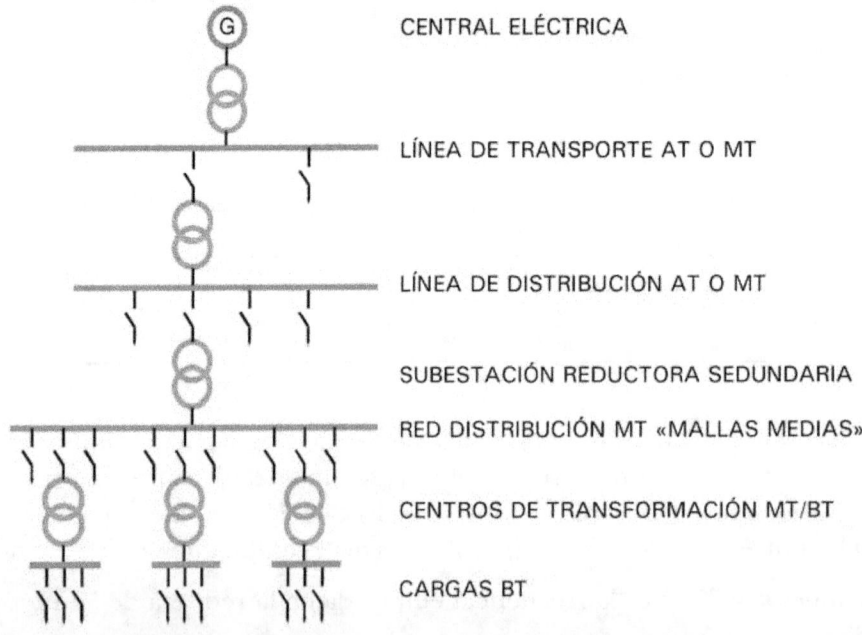

CENTRAL ELÉCTRICA

LÍNEA DE TRANSPORTE AT O MT

LÍNEA DE DISTRIBUCIÓN AT O MT

SUBESTACIÓN REDUCTORA SEDUNDARIA

RED DISTRIBUCIÓN MT «MALLAS MEDIAS»

CENTROS DE TRANSFORMACIÓN MT/BT

CARGAS BT

1.3. Vivienda, industria

1.3.1. Las necesidades de viviendas e industrias

Las necesidades de viviendas e industrias son distintas y, por ello, su distribución es también diferente.

El REBT (ITC BT 10) clasifica los suministros por el tipo de edificio-usuario:

- Edificios destinados principalmente a viviendas.

- Edificios comerciales o de oficinas.

- Edificios destinados a industrias:

- Una industria específica.

- Concentración de industrias.

1.3.2. Partes de la estructura de distribución

- Acometida: parte de la instalación de la red de distribución que alimenta la caja o cajas generales de protección o unidad funcional equivalente.

- Instalaciones de enlace: las que unen la caja general de protección, o cajas generales de protección, incluidas éstas, con las instalaciones interiores o receptoras del usuario (CGP: caja general; LGA: línea general de alimentación; CC: concentración de contadores; DI:

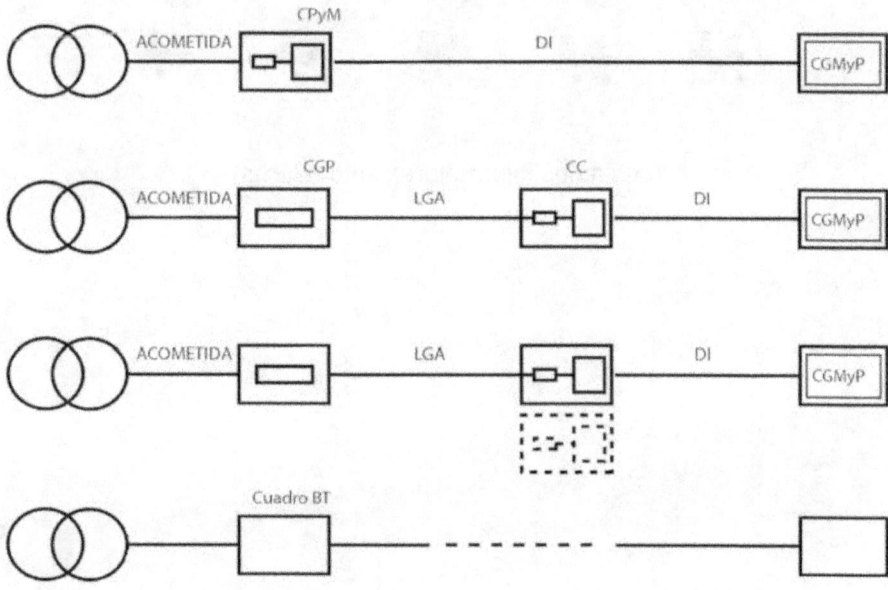

derivación individual; caja para el ICP: interruptor de control de potencia; DGMyP: dispositivos generales de mando y protección).

- Instalaciones interiores o receptoras, en general, todo tipo de instalaciones interior.

- Instalaciones interiores en viviendas: sean pisos, casas o torres.

1.3.3. La distribución interior de una vivienda

La distribución interior de una vivienda tiene esta estructura general:

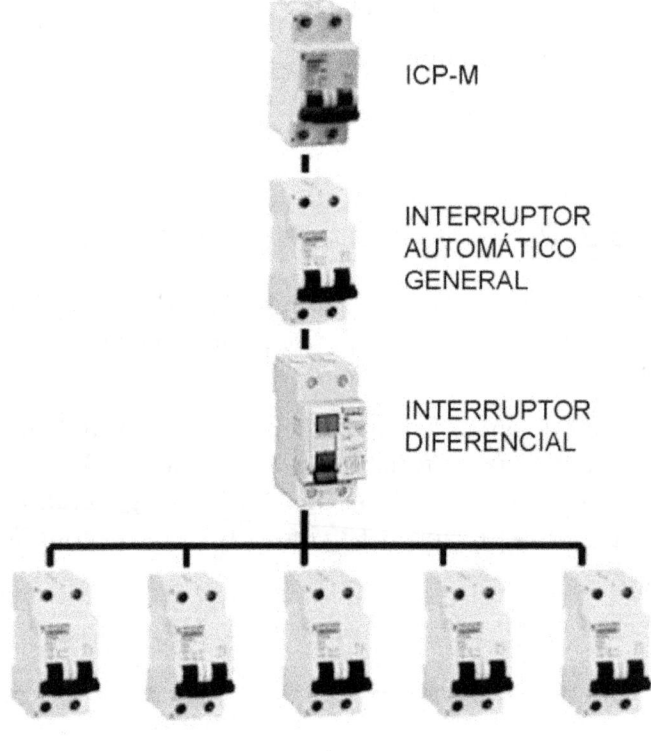

PIA's
(pequeños interruptores automáticos)

1.3.4. La distribución interior de una industria

La distribución interior de una industria suele tener esta estructura:

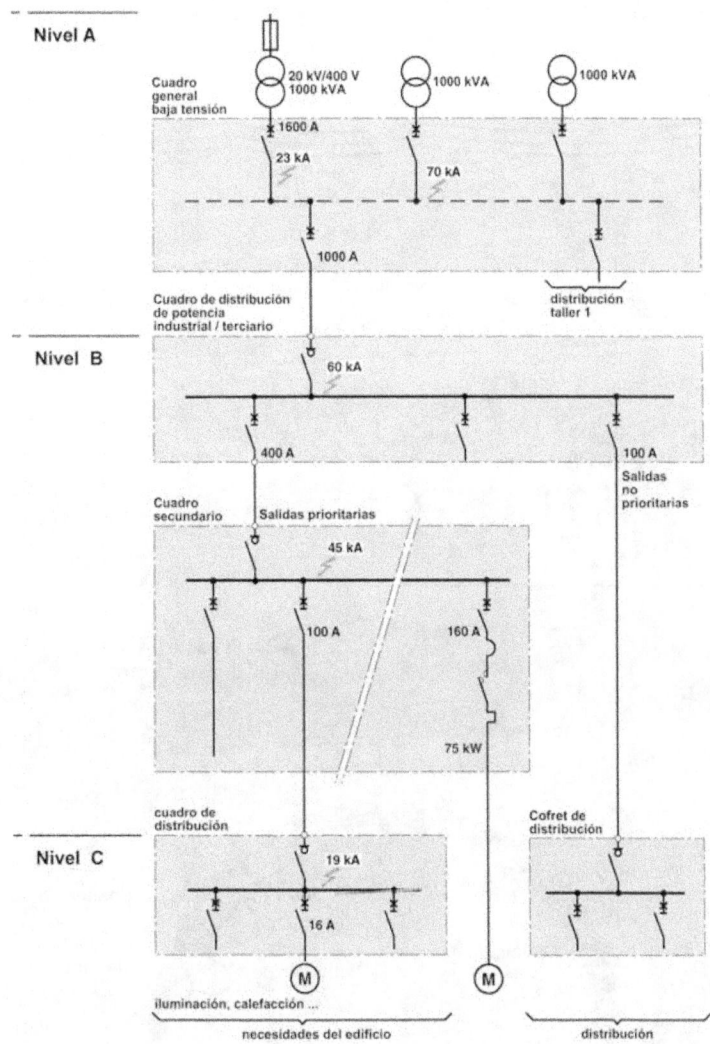

1.4. Aéreas y subterráneas

Las instalaciones pueden también clasificarse en aéreas y subterráneas. Las aéreas, a su vez, pueden ser tensadas (entre postes) y posadas (puestas en las paredes).

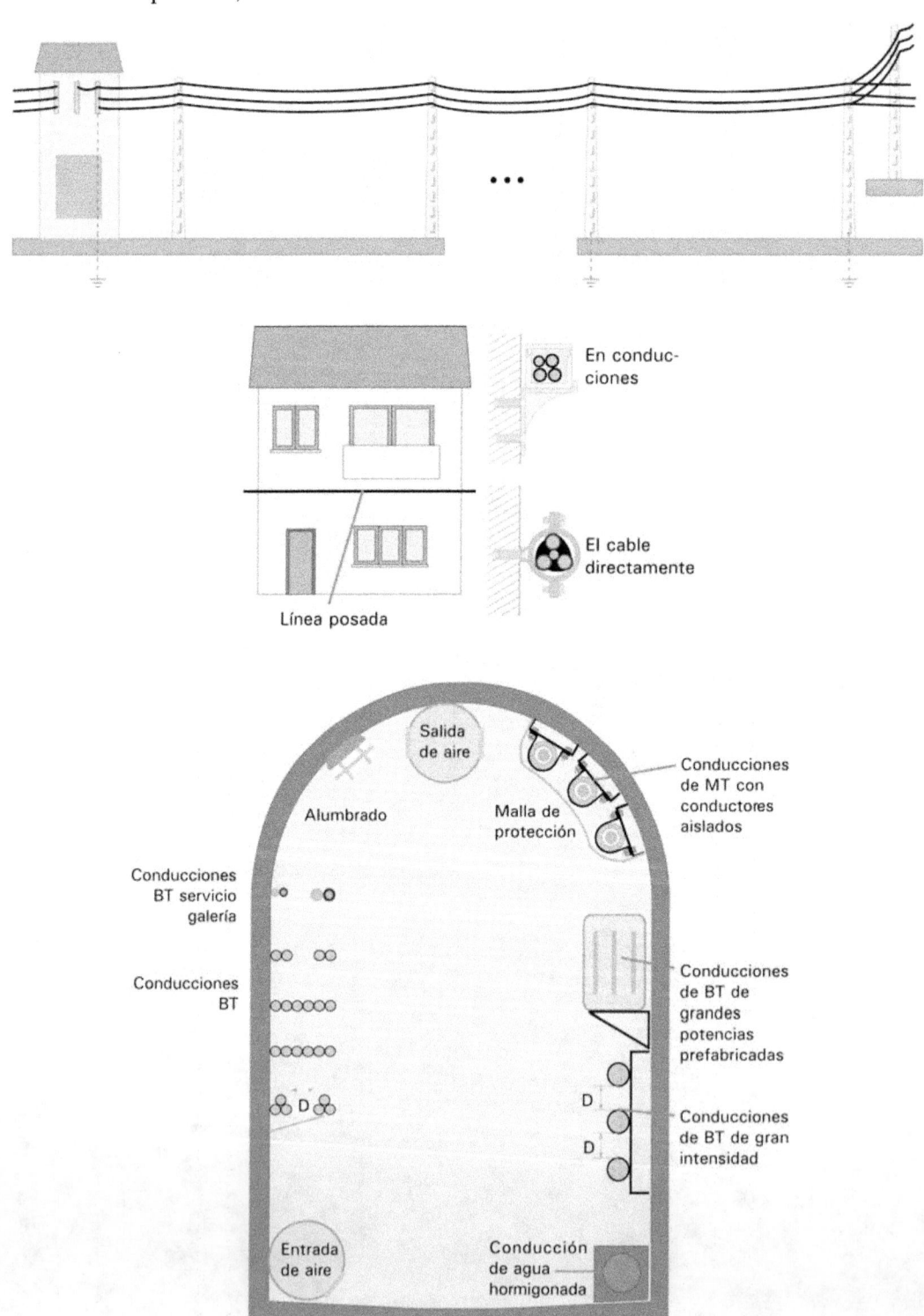

1.5. Otras consideraciones

El artículo primero del REBT indica que las instalaciones eléctricas deben ser seguras y que se debe de asegurar el funcionamiento de las mismas. Todo el sistema de distribución y toda la normativa pretende estos objetivos: seguridad y disponibilidad.

Seguridad: evitar o limitar las consecuencias de los defectos: electrocución, incendios,...

Disponibilidad: la actuación de las protecciones debe separar la parte de la instalación con defecto dejando el resto en condiciones seguras de funcionamiento.

2. PROTECCIONES. TIPOS Y CARACTERÍSTICAS. APLICACIONES

2.1. Riesgos de la electricidad

La electricidad es una forma de energía que tiene importantes riesgos, por sí misma y porque su utilización ha calado en todas las actividades humanas. Se citan únicamente 3 riesgos, los más importantes: riesgo para las personas, riesgo de no disponibilidad de la energía y riesgo de incendio.

2.1.1. Riesgo de electrocución de personas

Ante todo hay que tener muy claro que "lo que mata son los amperios; pero que pasan amperios porque hay voltios" (ley de Ohm). Si una persona toca un elemento con tensión, puede aparecer una ddt y, por tanto, circular una corriente.

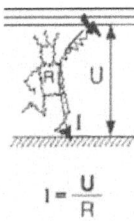

$$I = \frac{U}{R}$$

El valor de esta corriente por el cuerpo y su probable daño depende de varios factores, destacando: duración y valor de la intensidad, recorrido.

La duración e intensidad se pueden estudiar en la siguiente gráfica (de normas):

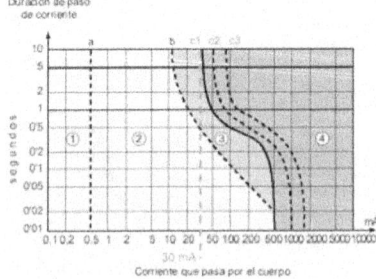

en la que se considera que:

- Zona 1: umbral de percepción.

- Zona 2: gran malestar y dolor (¡ya puede ser mortal!).

- Zona 3: contracciones musculares.

- Zona 4: parada cardiaca, parada respiratoria.

A pesar de estas zonas, nunca puede afirmarse que no haya riesgo en la manipulación de la energía eléctrica.

Respecto al recorrido, los más peligrosos son los que interesan al corazón.

2.1.2. Riesgo de no disponibilidad

La no disponibilidad de energía eléctrica tiene dos aspectos importantes:

- Seguridad: aumento de riesgo y hasta la aparición de graves peligros, por ejemplo, por fallo de alumbrado en instalaciones con público.

- Coste: el paro de toda una línea de producción por un defecto en un único punto de una fábrica puede tener muy graves consecuencias económicas.

2.1.3. Riesgo de incendio

Una parte muy importante de los incendios, sobre todo en las viviendas, tiene su origen en sobrecargas y, después, cortocircuitos. En la industria se une al riesgo eléctrico la manipulación de sustancias peligrosas y, además, en gran cantidad.

Las consecuencias de los incendios para las personas, los bienes y los puestos de trabajo son evidentes.

2.2. Protección contra corrientes

Las sobrecorrientes pueden ser motivadas por (ITC BT 22) sobrecargas, cortocircuitos o descargas eléctricas atmosféricas.

2.2.1. Sobrecargas y su protección

El concepto y, sobre todo, el valor de sobrecarga es difícil de definir. Se puede decir que sobrecarga es un aumento, porcentualmente bajo, de la intensidad en un circuito hasta valores que no pueden mantenerse largo tiempo, porque se deterioran las líneas.

Las sobrecargas pueden ser previstas y tolerables, como las producidas por el arranque de un motor. Pero muchas sobrecargas son indeseables, nefastas y generadoras de grandes riesgos, como el conectar un exceso de consumidores en una determinada instalación o enchufe sin pensar en la sección de las líneas.

La protección contra sobrecargas se calcula para que el conductor no quede dañado por el aumento de temperatura. El límite de intensidad de corriente admisible en un conductor ha de quedar en todo caso garantizada por el dispositivo de protección utilizado.

La protección contra sobrecorrientes se basa en mecanismos con respuesta a tiempo dependiente o a tiempo inverso: es decir, si hay poco aumento de la intensidad, tardan mucho en actuar; si hay mucho aumento, tardan poco.

Estos dispositivos pueden estar constituidos por un interruptor automático de corte omnipolar con curva térmica de corte, o por cortacircuitos fusibles calibrados de características de funcionamiento adecuadas.

2.2.2. Cortocircuitos y su protección

El cortocircuito es una elevación porcentualmente muy importante de la intensidad, motivada por la unión de dos puntos a diferente tensión sin prácticamente resistencia, por ejemplo, cuando se unen fase y neutro en una canalización.

El cortocircuito es una circunstancia brutal de sobreintensidad. En una instalación doméstica que trabaja normalmente entre 10 y 15 amperios, por ejemplo, se puede llegar instantáneamente a 3 ó 4000 amperios. En la industria y en la distribución, con grandes secciones y potencias disponibles, se puede llegar fácilmente a 100.000 ó más amperios... de hecho, se llegaría si no actuaran las protecciones.

La protección contra cortocircuitos se basa en dispositivo a tiempo independiente, es decir, cuando el valor de la sobreintesidad llega a un valor prefijado, actúa inmediatamente la protección.

Se admiten como dispositivos de protección contra cortocircuitos los fusibles calibrados de características de funcionamiento adecuadas y los interruptores automáticos con sistema de corte omnipolar.

2.3. Protección contra contactos directos e indirectos

2.3.1. Conceptos previos

La descripción de los sistemas de protección requiere el conocimiento de algunos conceptos previos (definiciones de la ITC-BT-01):

• Conductores activos: consideran como conductores activos en toda instalación los destinados normalmente a la transmisión de la energía eléctrica. Esta consideración se aplica a los conductores de fase y al conductor neutro en corriente alterna y a los conductores polares y al compensador en corriente continua.

• Contacto directo: Contacto de personas o animales con partes activas de los materiales y equipos.

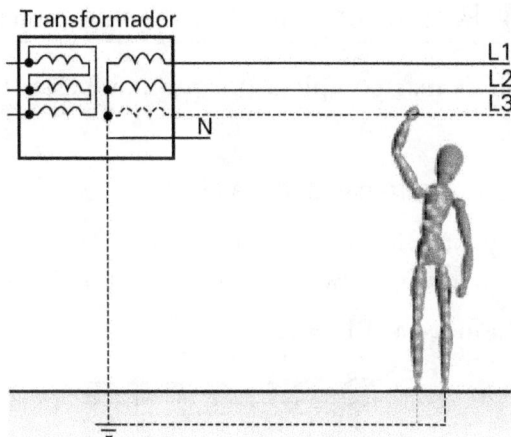

- Contacto indirecto: Contacto de personas o animales domésticos con partes que se han puesto bajo tensión como resultado de un fallo de aislamiento.

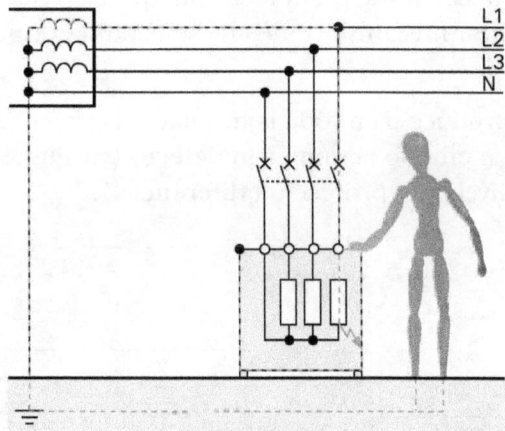

2.3.2. Protección contra contacto directo e indirecto a la vez

La protección contra contactos directos e indirectos a la vez se realiza mediante la utilización de muy baja tensión de seguridad.

Es decir, la única forma de protegerse contra todo tipo de accidente es utilizar tensiones no peligrosas

2.3.3. Protección contra contactos directos

La forma de protegerse es impedir el contacto con las partes activas, por separación (distancia) o por aislamiento.

Además, complementariamente, es decir, por si falla lo anterior, que es obligatorio, se utilizan los interruptores diferenciales.

2.3.4. Protección contra contactos indirectos

Esta protección es más compleja porque hay bastantes maneras de realizarlo.

Protección por corte automático de la alimentación

Este sistema de protección supone la detección del defecto y, después, el corte, pero depende del sistema de distribución de energía.

Con la distribución usual TT, tenemos:

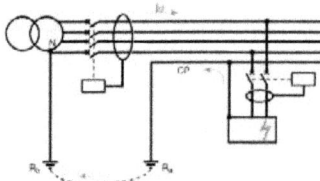

- Detección del defecto: se cierra circuito por tierra.

- El valor de la corriente de defecto puede ser bastante bajo, lo que obliga a utilizar mecanismos de alta sensibilidad (mejor o igual que 30 mA).

- El corte se produce o en toda la instalación (viviendas con un único diferencial) o en sólo la rama con defecto (viviendas o instalaciones con varios niveles de protección diferencial).

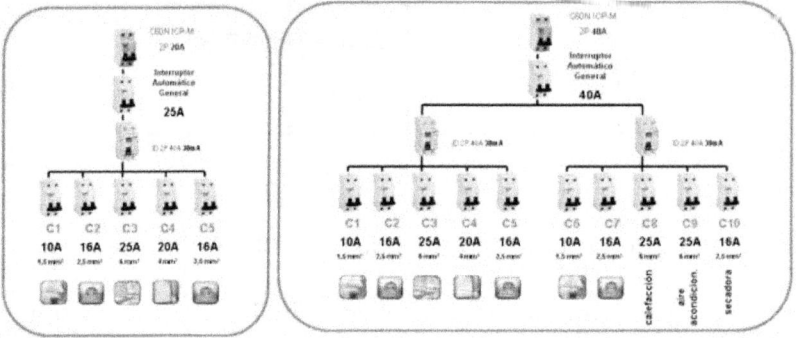

Otros sistemas

La utilización de equipos con aislamiento de la clase II, es decir, además del aislamiento funcional (aislamiento que permite funcionar) tiene otro aislamiento especial que impide la propagación de cualquier tensión.

Además, hay condiciones especiales de la protección en los locales o emplazamientos no conductores o utilizando conexiones equipotenciales locales no conectadas a tierra.

	Clase 0	Clase I	Clase II	Clase III
Características principales de los aparatos	Sin medios de protección por puesta a tierra	Previstos medios de conexión a tierra	Aislamiento suplementario pero sin medios de protección por puesta a tierra	Previstos para ser alimentados con baja tensión de seguridad (MBTS)
Precauciones de seguridad	Entorno aislado de tierra	Conexión a la toma de tierra de protección	No es necesaria ninguna protección	Conexión a muy baja tensión de seguridad

Otro sistema de protección es por separación eléctrica, es decir, utilizando transformadores-separadores.

2.4. Importancia

El RD de aprobación del REBT y, expresamente, el artículo 1º del Reglamento destacan la seguridad como el primer objetivo del reglamento.

Las instalaciones eléctricas deben de ser seguras, pero, como la falta o el accidente se pueden producir, el técnico debe siempre prever las protecciones reglamentarias.

Las protecciones, además, deben de estar coordinadas con toda la instalación. Como se verá, la coordinación cable-protección es esencial para asegurar que la protección actúa antes de que se produzca una avería grave.

3. MONTAJE Y CONEXIONADO DE ELEMENTOS DE PROTECCIÓN, MANDO Y SEÑALIZACIÓN

3.1. Aparamenta eléctrica y protección

El REBT define la aparamenta como el equipo, aparato o material previsto para ser conectado a un circuito eléctrico con el fin de asegurar una o varias de las siguientes funciones: protección, control, seccionamiento, conexión. (ITC-BT-01)

Se suele decir que las funciones de la aparamenta son:

• Seccionamiento.

• Mando.

• Protección.

Éstos son los símbolos principales de la aparamenta.

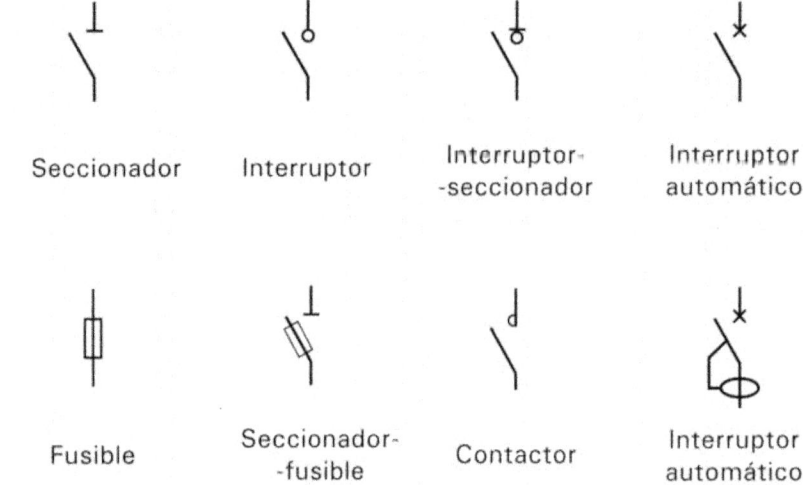

| Seccionador | Interruptor | Interruptor-seccionador | Interruptor automático |

| Fusible | Seccionador-fusible | Contactor | Interruptor automático |

3.2. Seccionamiento y seccionadores

Seccionamiento es sinónimo de separación, de aislamiento.

Su objeto garantizar el aislamiento eléctrico de la parte de la instalación aguas abajo para garantizar la seguridad del personal que realiza instalaciones o mantenimiento.

Su símbolo es:

El candado impide la actuación. La llave (= permiso) debe de estar en poder del responsable y/o del encargado.

3.3. Mando e interruptores

Los interruptores tienen la misión de establecer o interrumpir el circuito en el que están insertados.

Son de actuación voluntaria e inmediata. Pueden ser actuados manualmente o por telemando.

Sus principales características son su tensión y su corriente de empleo.

Su símbolo es:

3.4. Dispositivos de protección contra sobrecargas y cortocircuitos

Un dispositivo de protección tiene la misión de cortar la alimentación cuando se produce un defecto.

Como se ha dicho, los principales defectos son las sobrecorrientes y los defectos por contacto directo e indirecto.

3.4.1. Defecto – protección

Cada defecto tiene una protección específica, especialmente sensible a ese tipo de defecto.

Defecto	Protección

Sobreintensidad:
- sobrecarga
- cortocircuito
	Interruptores automáticos con
	  - relés térmicos
	  - relés magnéticos
	
	Fusible calibrados

Contactos indirectos
(vulgarmente, derivaciones)
	Diferenciales
	  - interruptores diferenciales
	  - relés diferenciales

Sobretensiones	Limitadores de sobretensión, Descargadores

3.4.2. El térmico

El relé térmico es el dispositivo que provoca el disparo del interruptor automático cuando se produce una sobrecarga.

Consta, esencialmente, de una bilámina que con el calor se dilata, se deforma, y dispara un trinquete.

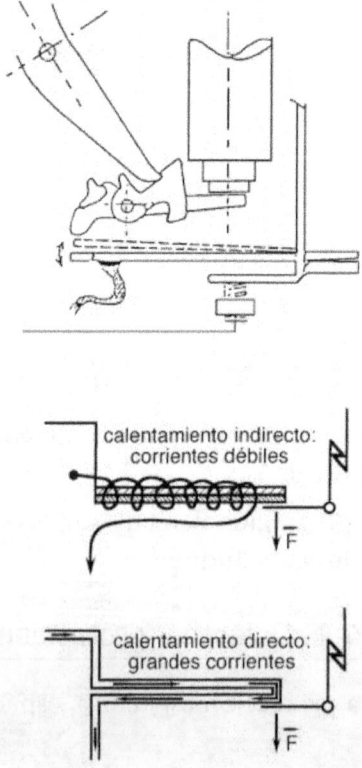

La curva de respuesta de un relé térmico es del tipo "tiempo dependiente e inverso", es decir, su respuesta depende del tiempo que dure la sobrecarga; pero, inversamente, o sea, a más sobreintensidad, menor tiempo de respuesta.

Esto queda representado en una gráfica típica, en forma de media luna:

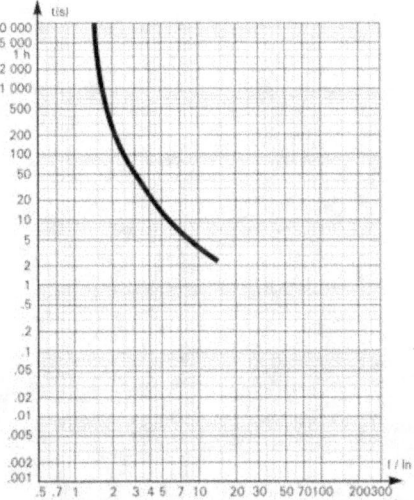

3.4.3. El magnético

El relé magnético es el dispositivo que provoca el disparo del interruptor automático cuando se produce un cortocircuito.

Consta esencialmente de un electroimán que, al ser recorrido por determinada corriente, provoca la apertura de los contactos del interruptor automático.

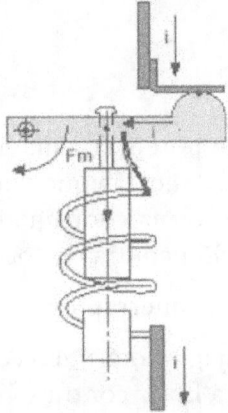

La curva de respuesta es del tipo "tiempo independiente", es decir, su respuesta no depende del tiempo: cuando el valor de la corriente llega al valor preajustado, provoca en disparo del interruptor automático.

Esto queda representado en una gráfica recta y vertical:

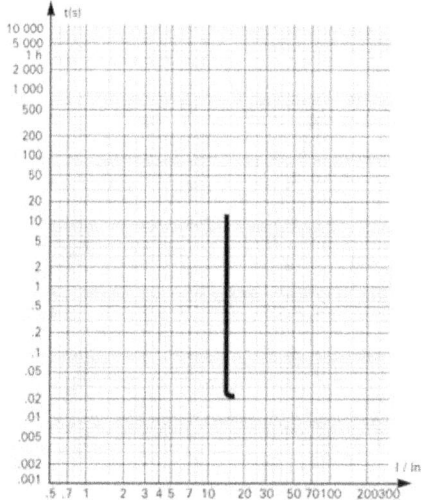

3.4.4. El interruptor automático

Interruptor automático es un dispositivo capaz de establecer, mantener e interrumpir las intensidades de corriente de servicio, o de establecer e interrumpir automáticamente, en condiciones predeterminadas, intensidades de corriente anormalmente elevadas, tales como las corrientes de cortocircuito.

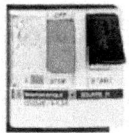

El interruptor de control de potencia y magnetotérmico (ICP-M) es, según el REBT, un aparato de conexión que integra todos los dispositivos necesarios para asegurar de forma coordinada:– Mando – Protección contra sobrecargas – Protección contra cortocircuitos.

El ICP-M es un tipo concreto de interruptor automático magnetotérmico.

El interruptor automático magnetotérmico consta de un térmico y un magnético, es decir, protege a la vez contra sobrecargas y cortocircuitos.

En este pequeño interruptor automático se pueden distinguir: (1) la zona de accionamiento; (2) el relé térmico; (3) el relé magnético; y el sistema de corte con la (4) zona de extinción de arco.

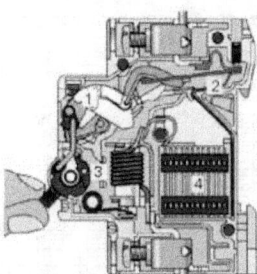

Su curva de respuesta es una sobreposición de la térmica y la magnética.

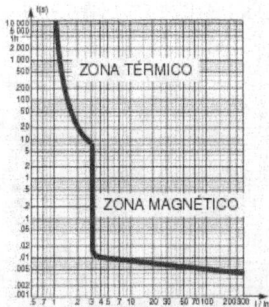

El disparo térmico se ha de producir, en 1 hora, para un valor de corriente de sobrecarga comprendido aproximadamente entre un 5% y un 40% de In, según las Norma. Y a partir de ahí, cada vez en menos tiempo para más corriente.

El disparo magnético se ha de producir instantáneamente, para valores de corriente que varían según la curva del aparato. Si el aparato es de curva B, entre 3 y 5 veces In; si es de C, entre 7 y 10 In; y si es de curva D, entre 10 y 14 In.

Todas estas tolerancias están perfectamente indicadas en las Normas UNE de aparamenta, tanto doméstica como industrial.

Curva B

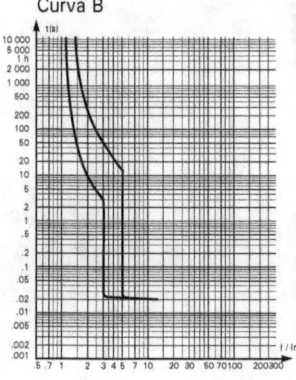

Curva C

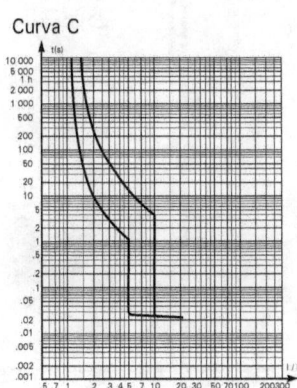

Curva D

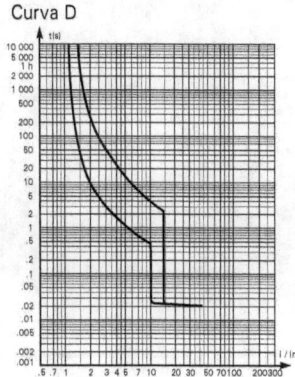

Como se ha dicho, el ICP-M tiene una curva magnetotérmica especial:

Curva ICP-M

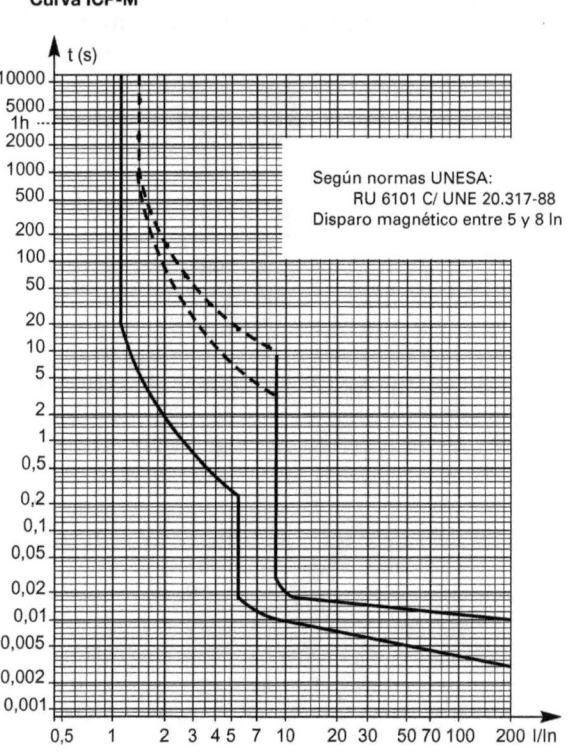

Según normas UNESA:
RU 6101 C/ UNE 20.317-88
Disparo magnético entre 5 y 8 In

Los interruptores automáticos son de corte omnipolar, es decir, abren o cierran todos a la vez. Pero, no necesariamente todos los polos están protegidos.

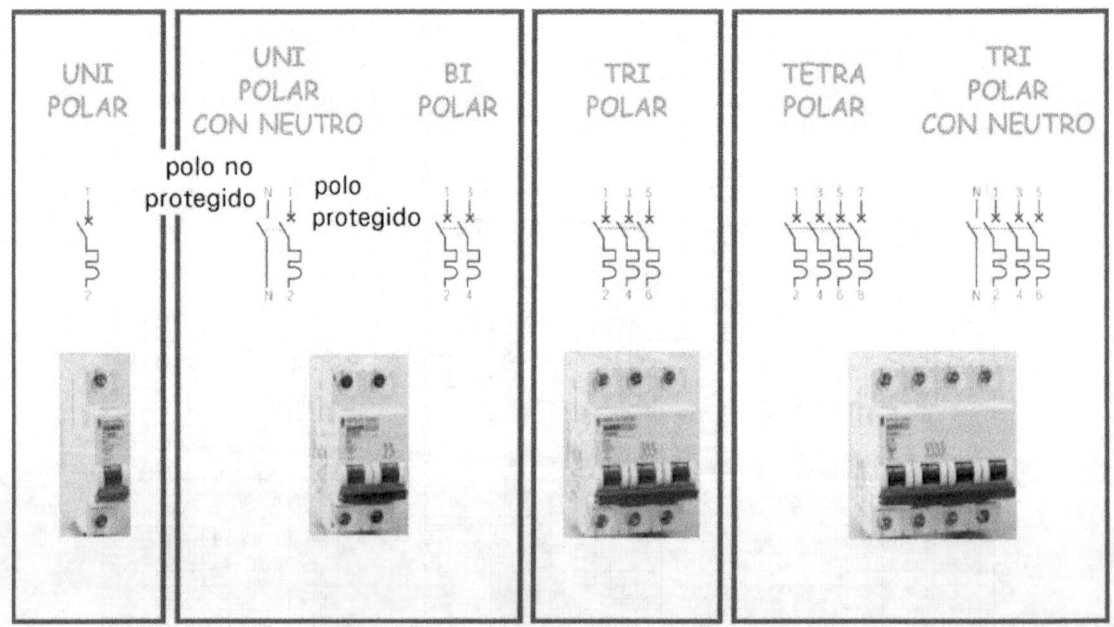

3.4.5. El fusible

Aparato cuyo cometido es el de interrumpir el circuito en el que está intercalado, por fusión de uno de sus elementos (el fusible) cuando la intensidad que recorre el elemento sobrepasa, durante un tiempo determinado, un cierto valor (UNE).

En un fusible se pueden distinguir diversos elementos

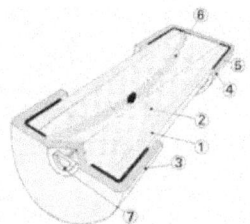

1 cuerpo cerámico
2 arena
3 contacto con indicador
4 contacto inferior
5 anillo de contacto
6 elemento de fusión
7 indicador de fusión

Tipos principales de fusible de uso en instalaciones eléctricas.

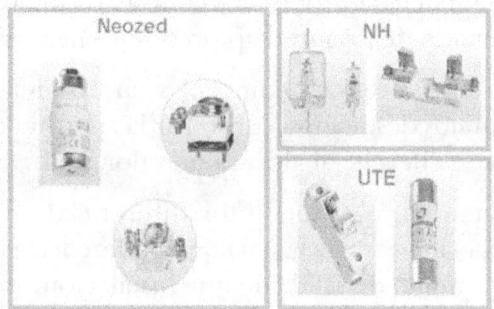

El fusible actúa térmicamente, es decir, funde por calor. Por tanto, su curva de respuesta es similar a la de los térmicos, ya estudiados.

Los fusibles para servicio eléctrico pueden ser rápidos y lentos o en fusible de uso general y fusibles de acompañamiento motor. Éstas son unas gráficas ejemplo (fusibles lentos y rápidos). Es importante que se consulten siempre los datos de fabricante para elegir el fusible adecuado.

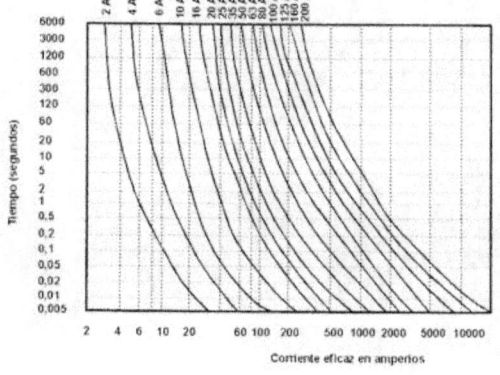

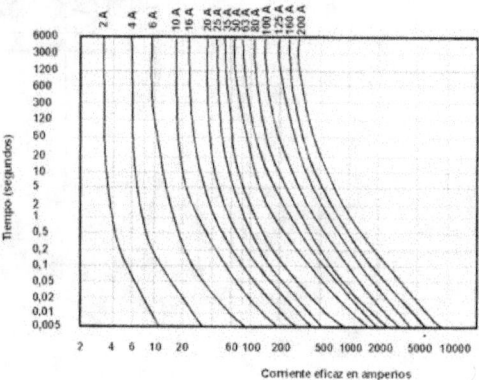

También se utilizan mucho los fusibles aM, de acompañamiento motor. Ésta es una gráfica comparativa:

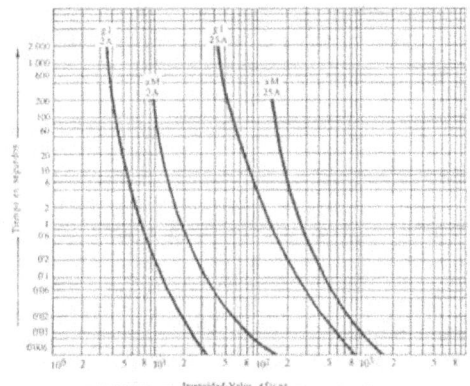

3.5. Dispositivos de protección contra corrientes de defecto

En la práctica elemental, la protección contra las corrientes de defecto se centra en el estudio de los interruptores diferenciales.

El REBT define el diferencial como el aparato electromecánico o asociación de aparatos destinados a provocar la apertura de los contactos cuando la corriente diferencial alcanza un valor dado.

Dicho de otra manera, el interruptor diferencial es un sistema de protección cuya función es detectar cualquier diferencia entre la corriente de entrada y la corriente de salida de una instalación.

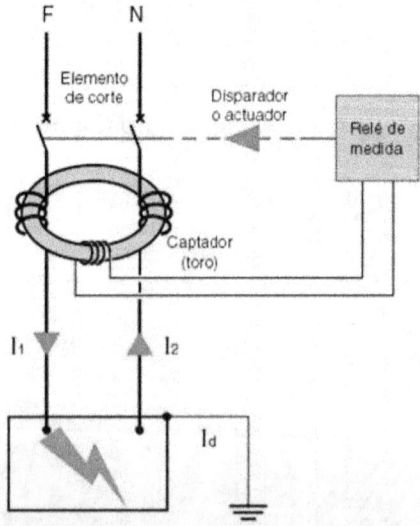

El diferencial puede ser un interruptor independiente o formar parte de un mecanismo más complejo.

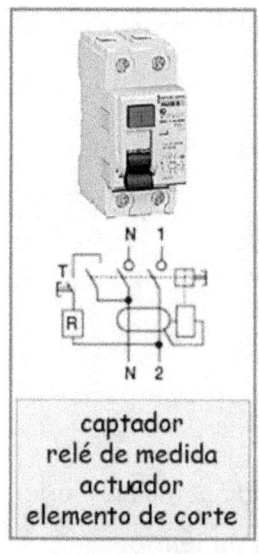

captador
relé de medida
actuador
elemento de corte

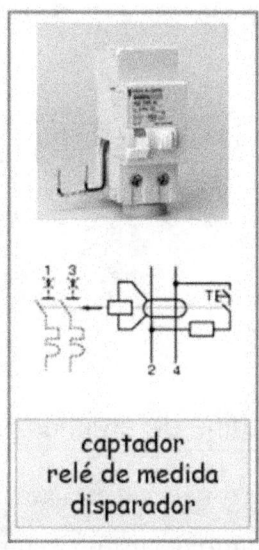

captador
relé de medida
disparador

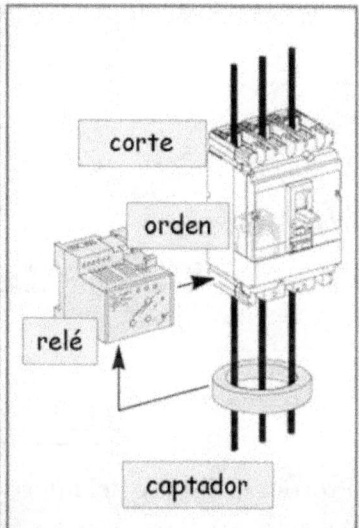

Se denomina sensibilidad del diferencial al valor de corriente mínimo que asegura su actuación. El REBT define los de alta sensibilidad como los interruptores diferenciales cuya sensibilidad es igual o inferior a 30 mA.

Se denomina diferencial selectivo al temporizado, es decir, el que retarda un poco (unos milisegundos) el disparo.

Tipo	I_n (A)	$I\Delta n$ (A)	Valor normalizado (en segundos) a:				
			$I\Delta n$	$2 I\Delta n$	$5 I\Delta n$	500 A	
General o instantáneo (G)	Todos los valores	Todos los valores	0,3	0,15	0,04	0,04	Tiempo **máximo** de funcionamiento
Selectivo (S)	> 25	> 0,030	0,5	0,2	0,15	0,15	Tiempo **máximo** de funcionamiento
			0,13	0,06	0,05	0,04	Tiempo **mínimo de no** respuesta

3.6. Otros dispositivos de protección

La aparamenta de protección se asocia muy frecuentemente con otros elementos de mando y señalización.

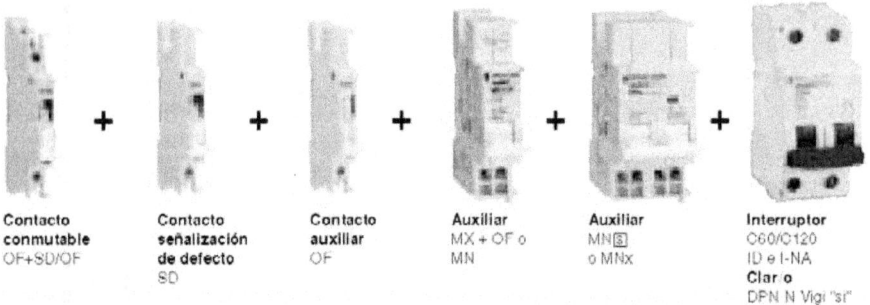

Contacto conmutable OF+SD/OF   +   Contacto señalización de defecto SD   +   Contacto auxiliar OF   +   Auxiliar MX + OF o MN   +   Auxiliar MN[s] o MNx   +   Interruptor C60/C120 ID e I-NA Clario DPN N Vigi "sí"

3.6.1. Bobina de emisión MX

Provoca el disparo del interruptor al cual está asociado al recibir tensión

Realiza un autocorte permitiendo dejar un circuito sin tensión.

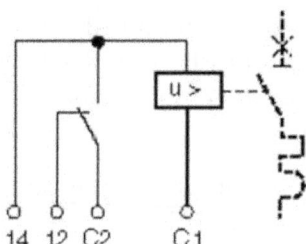

14 12 C2   C1

3.6.2. Bobina de tensión mínima MN y MN(s)

Provoca el disparo del interruptor al cual está asociado cuando la tensión desciende entre 70 y 35 % de Un.

Versión MNx que actúa sólo por acción voluntaria sobre pulsador normalmente cerrado y no dispara por bajada o pérdida de la alimentación auxiliar.

La versión MNs temporiza 0,2 segundos, para evitar los disparos por micro-cortes o por bajada de tensión momentánea.

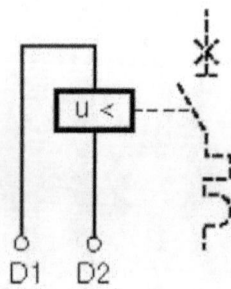

D1 D2

3.6.3. Señalización a distancia: OF y SD

Contacto inversor (OF) que señala la posición "abierto" o "cerrado" del interruptor.

Contacto inversor (SD) que señala la posición "disparo" del interruptor.

Existen diversas combinaciones.

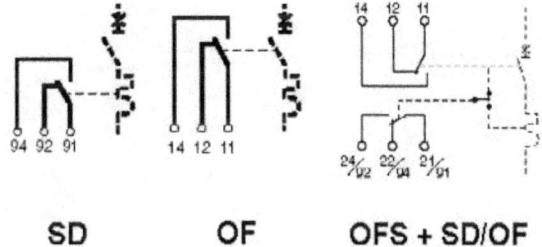

SD   OF   OFS + SD/OF

4. CONDUCTORES ELÉCTRICOS. CLASIFICACIÓN Y APLICACIONES

4.1. Cables y conductores

El REBT define el conductor como conjunto que incluye el conductor, su aislamiento y sus eventuales pantallas.

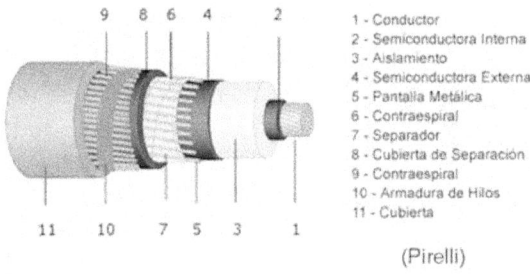

1 - Conductor
2 - Semiconductora Interna
3 - Aislamiento
4 - Semiconductora Externa
5 - Pantalla Metálica
6 - Contraespiral
7 - Separador
8 - Cubierta de Separación
9 - Contraespiral
10 - Armadura de Hilos
11 - Cubierta

(Pirelli)

La diferencia entre cable y conductor no siempre es clara en la literatura técnica. Frecuentemente hay que recurrir al contexto para discernir.

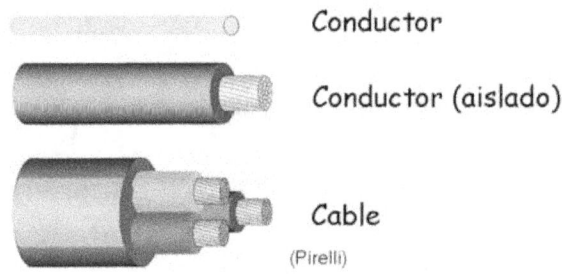

Conductor

Conductor (aislado)

Cable

(Pirelli)

4.2 Conductores, aislantes y protecciones. Cualidades y limitaciones

4.2.1. Cualidades del conductor

El conductor es el soporte de la conducción de la energía, pero, como tiene resistencia, tenemos un conjunto de pérdidas que repercuten de diversa forma:

* El calor: aumento de temperatura y, por tanto, peligro para los aislantes.

* Las cdt: lo que puede afectar al funcionamiento de los receptores. De hecho el REBT obliga a limitar las cdt. Generalizando, éstas son, medidas desde el CT, del 4,5% para el alumbrado y del 6,5% para el resto de usos.

- La energía perdida (kW) que tienen un coste que debe cuantificarse, puesto que queda para siempre.

Para los cálculos, es conveniente recordar estos valores:

Material	ρ_{20} ($\Omega mm^2/m$)	$\gamma_{20} = 1/\rho$	ρ_{70} ($\Omega mm^2/m$)	$\gamma_{70} = 1/\rho$	ρ_{90} ($\Omega mm^2/m$)	$\gamma_{90} = 1/\rho$	α ($°C^{-1}$)
Cobre	0,018	56	0,021	48	0,023	44	0,0039
Aluminio	0,029	35	0,033	30	0,036	28	0,004

Los conductores pueden estar formados por una o varias filásticas (cada una de las fibras o hebras finas que componen la base de un cabo o cable). Según esto, pueden ser:

- De clase 1: rígidos
- De clase 2: semiflexible, formados por pocas filásticas gruesas
- De clase 5: flexible, formado por muchas filásticas finas
- De clase 6: muy flexible, formado también por muchas filásticas, pero más finas.

4.2.2. Aislantes

Los conductores trabajan sistemáticamente a una temperatura mayor que la temperatura ambiente.

Por su comportamiento frente al aumento de temperatura, los aislantes los clasificamos en:

- Termoplásticos (TP): son los que, después de sufrir una deformación por incremento temperatura, no vuelven a su anterior forma y cualidades.
- Termoestables (TE): son los que, después de sufrir una deformación por incremento de temperatura, vuelven a su anterior forma y cualidades.

Cada uno de estos tipos de aislantes soporta, según normas, unas temperaturas máximas.

	Temp. máx. scio.	Temp. máx de cto.cto. (tiempo limitado)
Termoplástico	70°	160°
Termoestable	90°	250°

Por tanto, deben trabajar sin sobrepasar estos valores. Si la sobretemperatura, sea por carga eléctrica o por condiciones ambientales, es transitoria, el cable se vuelve a enfriar. Si la sobretemperatura es permanente, por sobrecarga o por cortocircuito, el aislante se destruirá y se producirá un grave defecto.

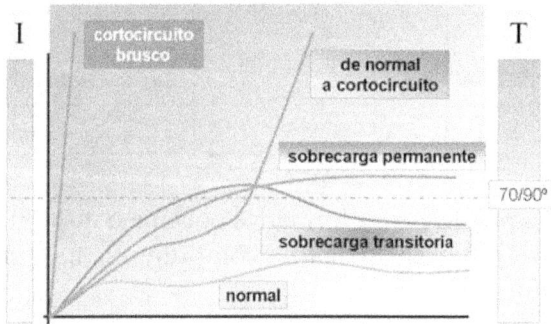

Otra característica del cable es su tensión de trabajo. Según esto, los cables se clasifican para su utilización y por las Normas que los definen en:

• Cables que pueden trabajar hasta 750 V.

• Cables que pueden trabajar hasta 1000 V.

4.2.3. Coordinación cable-protección

Aquí hay que recordar la exigencia reglamentaria: "el límite de intensidad de corriente admisible en un conductor ha de quedar en todo caso garantizada por el dispositivo de protección utilizado" (ITC BT 22).

Por eso, el estudio de las protecciones tiene que respetar la coordinación cable-protección.

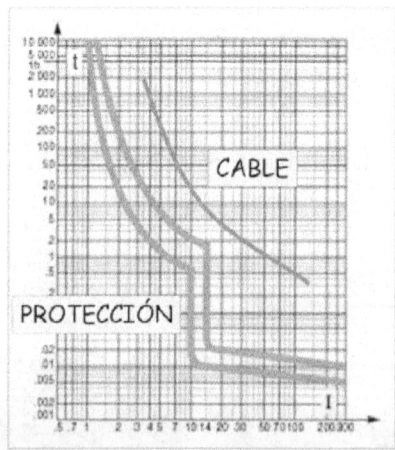

4.3. El cable en funcionamiento. Calor y temperatura

El cable se calienta hasta que llega a la temperatura de equilibrio.

Temperatura de equilibrio es aquella temperatura en la que la velocidad de producción de calor en el cable es igual a la velocidad con que se transmite al medio.

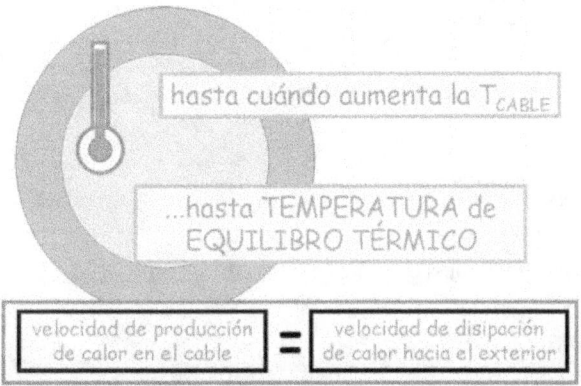

Y, en consecuencia, si la temperatura de equilibrio es superior a 70° C en un TP o a 90° C en un TE, el cable empieza a deteriorarse.

4.4. Designación

La designación de cables tiene, en realidad, dos grupos: los cables hasta 750 V y los cables hasta 1 kV.

La tabla adjunta es del CENELEC (Ver página siguiente).

Ejemplos:

H07 RN-F 3G6

H   Cable según norma armonizada

07   Tensión asignada 450/750 V

R   Aislamiento de goma natural o de goma estireno-butadieno

N   Cubierta de policloropreno

-F   Flexible (conductores clase 5)

3G6 3 conductores, uno de ellos de color amarillo-verde, de 6 mm²

H03 VH-H 2x0,5

H   Cable según norma armonizada

03   Tensión asignada 300/300V

V   Aislamiento de PVC

Código de designación	FRN	07	R	N	H2	A	F	3	G	1,5
Cable armonizado	H									
Cable derivado de un tipo armonizado	A									
Cable de un tipo nacional	FRN									
Tensión de servicio entre conductores										
300 V máximo		03								
500 V máximo		05								
750 V máximo		07								
1.000 V máximo		1								
Símbolo del material aislante										
Caucho etileno propileno (EPR)			B							
Caucho natural o equivalente (Rubber)			R							
Policloruro de vinilo (PVC)			V							
Polietileno reticulado (PR)			X							
Policloropreno (Neopreno) (PCP)			N							
Símbolo del material de la cubierta										
Caucho etileno propileno (EPR)				B						
Caucho natural o equivalente (Rubber)				R						
Policloruro de vinilo (PVC)				V						
Polietileno reticulado (PR)				X						
Policloropreno (Neopreno) (PCP)				N						
Construcción especial (eventual)										
Cable plano "divisible"					H					
Cable plano "no divisible"					H2					
Naturaleza del alma del conductor										
Cobre (no tiene código, por defecto Cu)										
Aluminio						A				
Carácter mecánico del alma conductora										
Única, masiva, rígida							U			
Trenzada de varillas, rígidas							R			
Trenza clase 5 (flexible)							F			
Trenza flexible clásica (instalación fija)							K			
Trenza extra flexible clase 6							H			
Composición del cable										
Número de conductores								x		
Ausencia del conductor verde-amarillo									X	
Con conductor verde-amarillo									G	
Sección del conductor (en números que indican mm²)										x

(1) Comité Europeo de Normalización Eléctrica.

H	Cable plano, (conductores pueden separarse)
-H	Extraflexible (conductores clase 6)
2X0,5	2 conductores de 0,5 mm²

4.5. Colores

El REBT (ITC BT 19) indica expresamente que los conductores deben ser fácilmente identificables, especialmente por lo que respecta al conductor neutro y al conductor de protección.

Generalizando:

- El conductor de protección es siempre amarillo-verde.

- El neutro debe de ser azul claro.

- Las fases se identificarán por los colores marrón o negro. Cuando se considere necesario identificar tres fases diferentes, se utilizará también el color gris.

5. CUADROS ELÉCTRICOS. TIPOLOGÍA Y CARACTERÍSTICAS. CAMPOS DE APLICACIÓN

5.1 Objeto

Los cuadros eléctricos tienen el objeto material principal de contener las aparamenta de seccionamiento, mando y protección en los sistemas de distribución.

Pero su misión funcional principal es asegurar la seguridad de personas y bienes y la continuidad del suministro.

Cumplen una doble misión: evitan que las personas accedan a partes con tensión y protegen a esa aparamenta de las influencias externas.

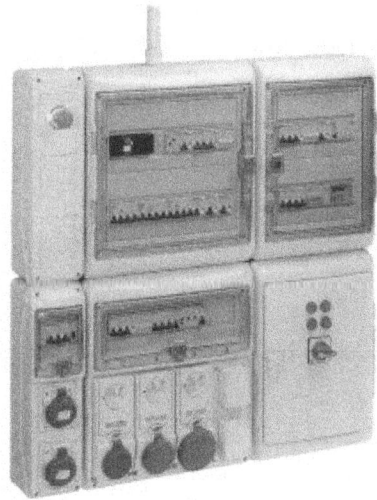

5.2. Cuadros por niveles

5.2.1. En las viviendas

En las viviendas, el cuadro eléctrico lo constituyen los denominados dispositivos generales e individuales de mando y protección, más o menos extensos en función del grado de electrificación de la vivienda.

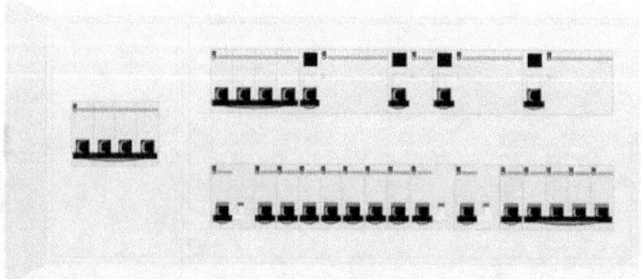

5.2.2. En la industria

En la industria se instala toda una red de distribución con líneas y cuadros, desde los centros de transformación hasta cada uno de los puntos de utilización.

Cada uno de estos cuadros utiliza una gama de aparamenta adecuada a las corrientes nominales y de cortocircuito de cada nivel y a las secciones de los cables.

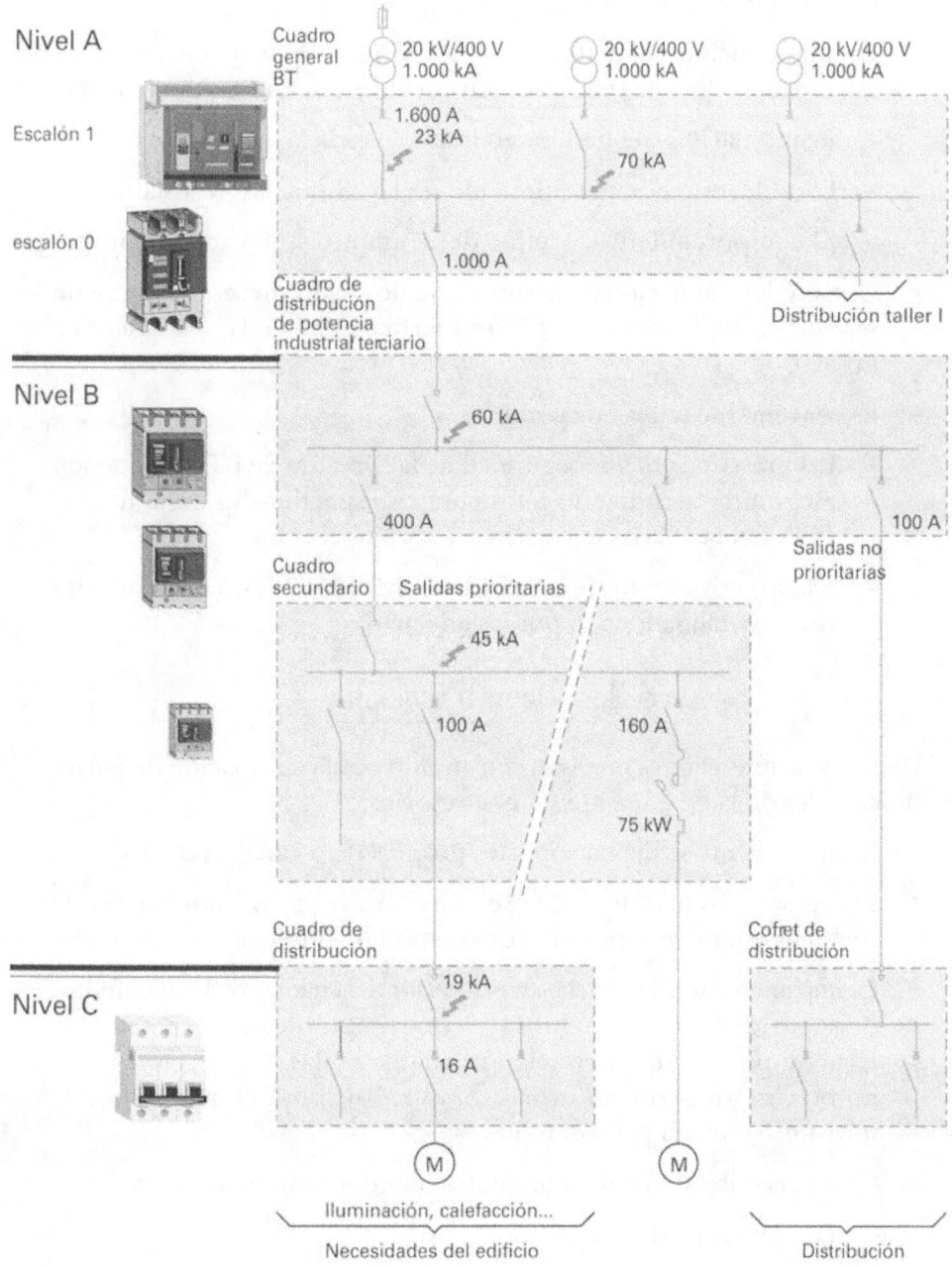

5.3. Sistemas de instalación y montaje

5.3.1. Cuadro tradicional

La aparamenta se fija a un bastidor en el interior de la envolvente.

- La aparamenta se fija generalmente sobre un chasis en el fondo de una envolvente.

- El acceso a los mandos y a la señalización se realiza por medio de taladros en la parte frontal.

- La implantación del material en el interior del cuadro necesita un estudio minucioso de la distribución del material, para que no dificulte:

  - La instalación y el funcionamiento de toda la aparamenta.

  - El cableado y el mantenimiento de las distancias de aislamiento

  - El comportamiento térmico del conjunto y de cada elemento.

- Una predeterminación de la superficie de cuadro necesaria se puede realizar multiplicando por 2,5 la superficie total de la aparamenta a instalar.

- Es conveniente tener en cuenta:

  - Las prescripciones de seguridad de la Directiva de BT, que pueden asegurarse atendiendo a los ensayos especificados en la norma UNE-EN 60439-1,

  - La Directiva de Responsabilidad Civil (85/774), cubriendo las responsabilidades con pólizas adecuadas.

5.3.2. Cuadro funcional

Dedicado a aplicaciones precisas, constituido por la agrupación de partes funcionales de la aparamenta y sus accesorios:

- La aparamenta se fija en soportes propios para cada producto.

- El acceso a los mandos y a la señalización se realiza por medio de ventanas estándares, propias para cada elemento.

- La implantación del material en el interior del cuadro, de los elementos de soporte, de los elementos de conexionado y de los bornes, se resuelve por su estandarización mediante tablas de selección o con un preciso programa informático, que distribuye el material de la forma más óptima para atender:

  - La accesibilidad del material, los mandos y la señalización.

  - Las distancias de aislamiento.

– El comportamiento térmico del conjunto.

- La configuración mecánica adecuada para el soporte de los esfuerzos electrodinámicos.

- El dimensionado del embarrado y las conexiones se realiza en función de la intensidad de cortocircuito, sujeta a las posibles reducciones en función del efecto limitador de la protección de cabecera.

5.4. Problemática de los cuadros eléctricos: calor, humedad, ampliaciones, reparaciones

5.4.1. Grados de protección IP-K

Los grados de protección IP e IK indican la protección de una envolvente contra la penetración de cuerpos extraños (IPX_), penetración de agua (IP_X) y la protección contra impactos (IK).

Grado de protección de las envolventes de BT

IP				
Protección contra los cuerpos sólidos		Protección contra los líquidos		
0	Sin protección	0		Sin protección
1 Ø 50 mm	Protección contra los cuerpos sólidos superiores a 50 mm Ø	1		Protección contra la caída de gotas verticales condensación)
2 Ø 12 mm	Protección contra los cuerpos sólidos superiores a 12 mm Ø	2		Protección contra la caída de gotas de agua, hasta un ángulo de 15° de la vertical
3 Ø 2,5 mm	Protección contra los cuerpos sólidos superiores a 2,5 mm Ø	3		Protección contra la caída de agua de lluvia hasta un ángulo de 60° de la vertical
4 Ø 1 mm	Protección contra los cuerpos sólidos superiores a 1 mm Ø	4		Protección contra la proyección de agua en todas direcciones
5	Protección contra el polvo en cantidad no perjudicial.	5		Protección contra los chorros de agua en todas direcciones
6	Protección total contra el polvo	6		Protección contra los chorros de agua en todas direcciones, semejantes a un golpe de mar
		7		Protección contra los efectos de inmersión

Hay que tener presente que, cuando una envolvente sale de la fábrica su grado de protección Ip-IK es el que se indica, pero, en cuanto ha sido manipulado (taladros, por ejemplo) su nuevo grado de protección ya no es el que era.

Por eso es preferible, siempre que se pueda utilizar sistemas de armarios de tipo funcional, porque su grado de protección está calculado para cada uno de los montajes.

IK		
Impacto	Energía	
00	Sin protección	
01	Energía de choque	0,15 julios
02	Energía de choque	0,20 julios
03	Energía de choque	0,35 julios
04	Energía de choque	0,50 julios
05	Energía de choque	0,70 julios
06	Energía de choque	1 julios
07	Energía de choque	2 julios
08	Energía de choque	5 julios
09	Energía de choque	10 julios
10	Energía de choque	20 julios

5.4.2. El calor

Todo armario tiene en su interior conductores por los que circula la corriente y que desprenden calor. Además, los contactores, variadores de velocidad, relés de todo tipo, también producen calor.

Por tanto, es esencial prever una ventilación, puesto que la simple convección puede ser insuficiente.

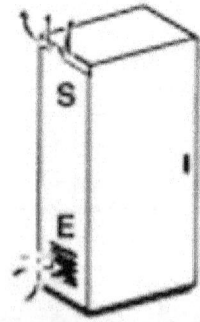

5.4.3. Humedad

Por su ubicación o por las variaciones de temperatura, los armarios pueden humedecerse por condensación. La humedad tiene dos efectos perversos: la oxidación de los metales y la pérdida de aislamiento.

Para paliar este fenómeno pueden ver en los armarios resistencias de caldeo que, al calentar el vapor de agua, evitan que se deposite en los conductores.

5.4.4. Conductor de protección

Un detalle de seguridad muy importante es el CP. Toda masa metálica de una instalación debe de estar conectada a un CP. Suele conectarse bien el armario, pero debe prestarse especial atención a la conexión de la puerta o tapa.

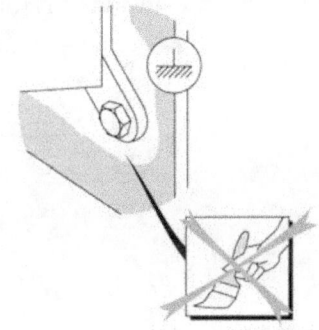

Pintura = AISLANTE

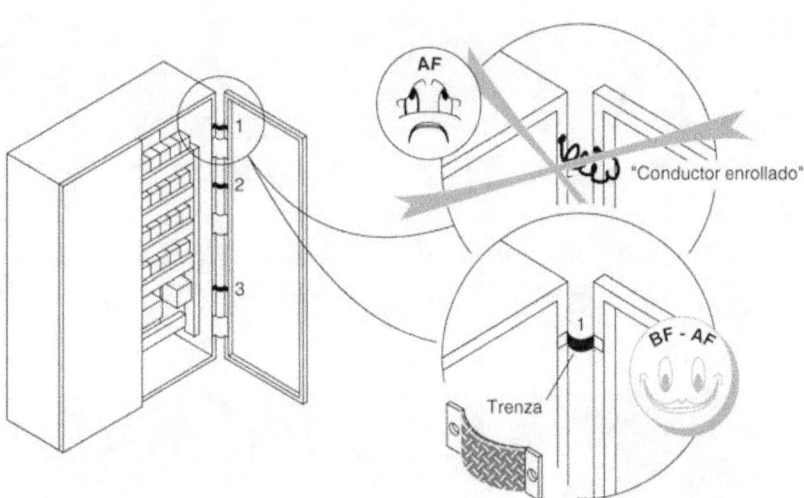

5.4.5. Ampliaciones, reparaciones

Un cuadro nuevo ha sido pensado. Generalmente es bueno su diseño y construcción.

Una ampliación no siempre es posible o no siempre cabe, pero ¡hay que hacerla! Es entonces cuando se pasan por alto las reglas del arte y se fuerzan al límite los espacios. Ahí surge el peligro para personas y bienes.

En cuanto a la seguridad personal al trabajar en cuadros, debe de respetarse al máximo las precauciones, tanto más cuanto más elementos haya, más apretados, con menos luz y menos protecciones aislantes.

Al efectuar reparaciones, debería cortarse siempre la alimentación. Tenga siempre presentes estas ideas:

Nunca se fíe de que no hay tensión (¡compruébelo SIEMPRE!).

Nunca se fíe de que hay tensión (no dé por supuesto que tiene tensión en tal punto... tal vez la avería está más arriba de donde usted está trabajando).

6. CANALIZACIONES. TIPOLOGÍA Y CARACTERÍSTICAS. CAMPOS DE APLICACIÓN

6.1 Tipos de canalizaciones

Hay dos tipos básicos:

- Distribución con conductores aislados.

- Distribución con canalizaciones eléctricas prefabricadas (CEP).

Criterios de elección:

- Inversión. Las CEP requieren una inversión inicial mayor, pero su adaptabilidad, facilidad de ampliación y modificación son mucho mejores.

- Flexibilidad: La adaptabilidad de las CEP es sensiblemente mejor y, en caso de modificación, se mantiene mejor la seguridad.

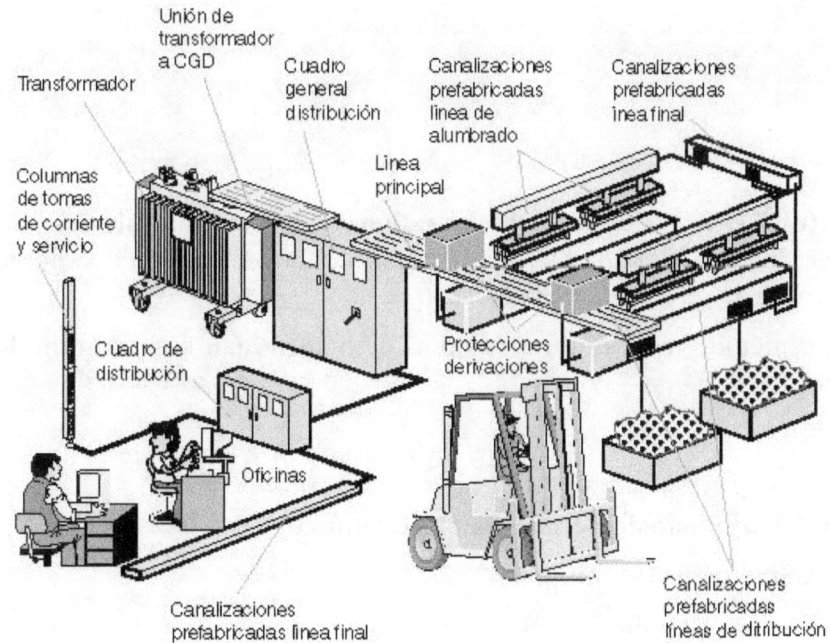

Distribución industrial con CEP

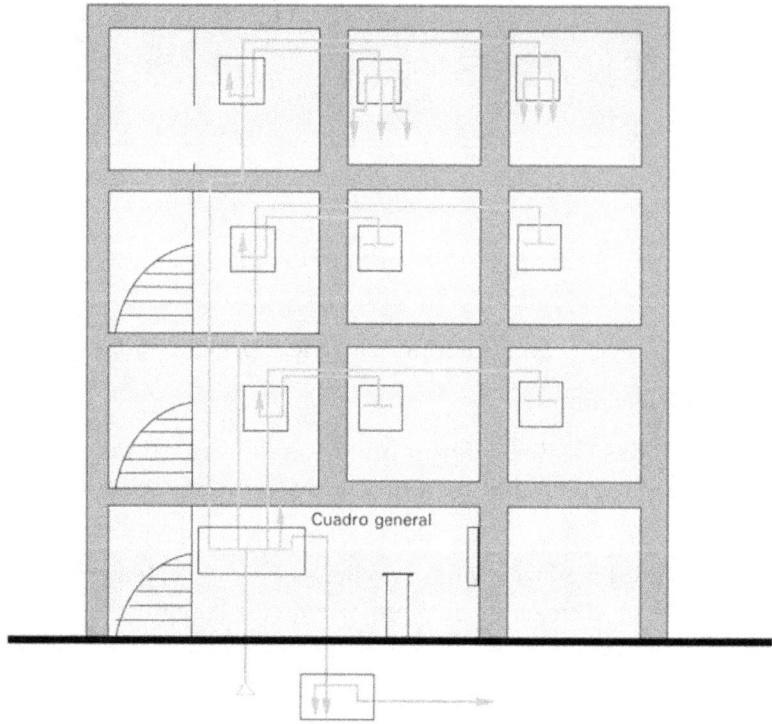

Distribución radial cableada de un hotel

6.2. Sistemas de instalación según el REBT

El REBT (ITC BT 20) trata de los sistemas de instalación, siguiendo la UNE 20460-5-52. En la ITC BT 19, tabla 1, cita, aunque sin decirlo, los métodos de referencia de la Norma.

Estos métodos son importantes porque determinan la sección de los cables.

6.2.1. Métodos de referencia A y A2:

Bajo tubo en paredes térmicamente aislantes:

- Método A: cables unipolares.
- Método A2: cables multiconductores.

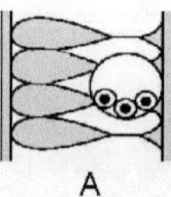

A

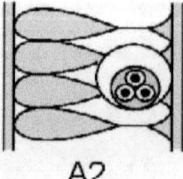

A2

- El tubo puede ser metálico o de materia plástica.

6.2.2. Métodos de referencia B y B2

Montaje superficial o empotrados en obra.

- Método B: cables unipolares.

- Método B2: cables multiconductores.

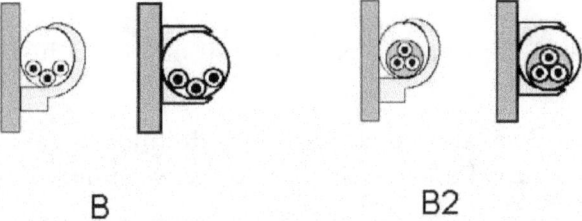

B   B2

- Incluyendo canales para instalaciones –canaletas- y conductos de sección no circular.

- El tubo puede ser metálico o de material plástico.

6.2.3. Método de referencia C

Cables uniconductores o multiconductores directamente sobre pared o en bandeja no perforada.

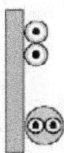

6.2.4. Métodos de referencia E, F y G

Al aire, separados de la pared o en bandejas perforadas.

- Método E: cables multiconductores.

- Método F: cables uniconductores juntos.

- Método G: cables uniconductores separados entre sí.

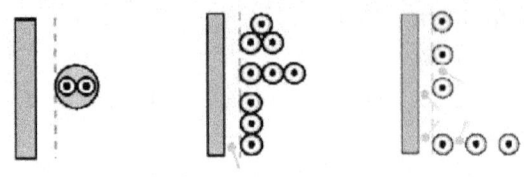

6.3. Influencia de las canalizaciones en el diseño de las instalaciones

Existe una relación inseparable entre el diseño de la instalación y la canalización.

Por una parte, el cálculo de las secciones de líneas y cables requiere determinar primero el tipo de canalización que se utilizará.

Por otra, el tipo de canalización depende del tipo de local, por las influencias externas y por problemas de conveniencia o decorativas.

Es decir, en el proceso de diseño de una instalación, una vez determinadas las cargas (potencias, corrientes de arranque, factor de potencia, etc.) hay que determinar las longitudes, el recorrido y la canalización de todas las alimentaciones.

7. MONTAJE DE INSTALACIONES. TÉCNICAS Y PROCEDIMIENTOS

7.1. Montaje según normas

El REBT en la ITC BT 20 determina los sistemas de instalación con referencia directa a la norma UNE 20460-5-52.

7.2. Exigencias

Separación de circuitos por tensiones o todos aislados para la tensión superior.

Separación entre instalaciones eléctricas y no eléctricas:

- Separación por fuentes externas de calor.

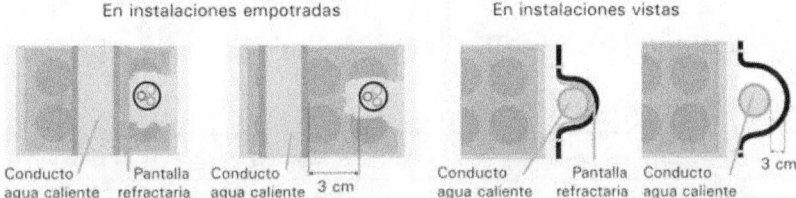

- Separación de canalizaciones de agua. Preferentemente, deben pasar las de agua por debajo. Prever los efectos de la condensación. Utilizar pantallas adecuadas.

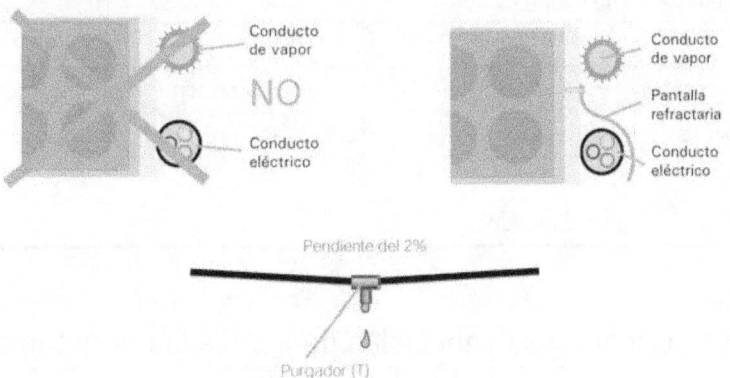

- Protección contra cuerpos sólidos y polvo.

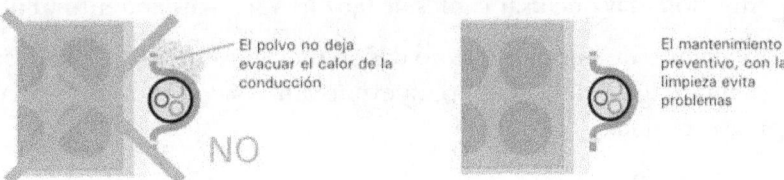

- Protección contra efectos mecánicos.

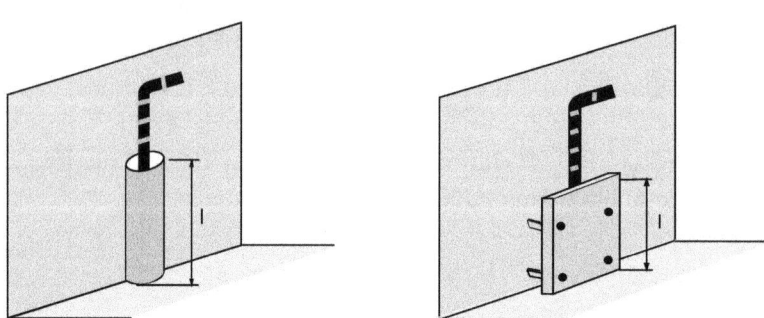

- Exigencia de identificación de circuitos, no sólo los cables, sino cada una de las conducciones.

- Prever accesibilidad para reparaciones.

7.3. Condiciones de los diversos sistemas de instalación

Sistemas de instalación:

	Cables	ITC-BT	UNE
bajo tubos protectores	450/750 V	21	
fijados directamente sobre las paredes	0,6/1 kV		20460 552
enterrados	0,6/1 kV	21	
directamente empotrados en estructuras	XLPE - EPR (-5 a 90°C)		
en el interior de huecos de la construcción	450/750 V		20460 552
bajo molduras	450/750 V		
bajo canales protectoras	s/canalización	21	
en bandeja o soporte de bandejas	XLPE - EPR; uni o multi		20460 552
Conductores aéreos		6	
Canalizaciones eléctricas prefabricadas			60570; 60439

7.3.1. Condiciones especiales de los fijados directamente sobre las paredes

- Atención: hay que usar cables de 0,6/1 kV, con aislamiento y cubierta.

- Elementos de sujeción que no dañen mecánicamente y a una distancia menos o igual de 0,40 m, para evitar vanos y con radios de curvatura mayores de 0,10 m.

- Cruce con conductores no eléctricos, por delante o detrás pero a 0,30 m.

- Empalmes y conexiones sólo en cajas.

7.3.2. Condiciones especiales para conductores en huecos de la construcción

- Los huecos en muros, paredes, vigas, forjados o techos, adoptando la forma de conductos, continuos o bien entre dos superficies paralelas, como en el caso de falsos techos o muros con cámaras de aire.

- No podrán instalarse en conductos de ventilación.

- Tendrán una sección mínima para permitir el paso de cable.

- Se tendrá especial cuidado con las asperezas cortantes de todos estos huecos, especialmente al insertar en ellos los cables.

- Si cuelgan libremente en vertical, no sobrepasar los 3 m.

- Prever y evitar que puedan producirse infiltraciones, fugas o condensaciones de agua.

7.3.3. Comentarios a la instalación en canales protectoras y bandejas

Se entiende por "canal protectora" un material de instalación constituido por un perfil de paredes perforadas o no perforadas, destinado a alojar conductores o cables y cerrado por una tapa desmontable (ITC-BT-01).

Las canales pueden ser de dos tipos, muy diferentes por sus prestaciones:

- Si su IP es igual o mejor que IP4X y tienen acceso sólo con herramientas, se puede usar en ellas conductor 450/750 V, pueden instalarse mecanismos y pueden realizarse empalmes y conexiones.

- Si su IP es menor que IP4X y tiene acceso sin herramientas, sólo podrá utilizarse conductor aislado bajo cubierta estanca de 300/500 V; no pueden realizar en ellas empalmes.

La instalación de canales se hará preferentemente en trazados horizontales y verticales.

Las bandejas metálicas deben conectarse a la red de tierra quedando su continuidad eléctrica convenientemente asegurada.

8. MEDIDAS ELÉCTRICAS EN LAS INSTALACIONES

8.1. Medida de tensiones

Objeto: conocer la ddt entre dos puntos.

Aparato: voltímetro o téster como voltímetro.

Conexiones y medida:

- Conexión en paralelo.

- Si se conecta en serie, hay error de medida, pero no se quema el aparato.

- Seleccionar ca o cc. En caso de equivocación, hay error en la medida, pero, además, se puede quemar el aparato de medida.

- El voltímetro es un aparato de alta impedancia.

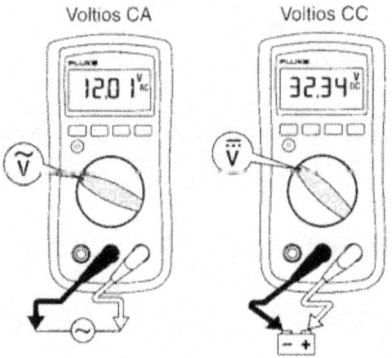

8.2. Medida de intensidad de corriente (téster)

Objeto: conocer la intensidad de corriente en un punto de un circuito.

Aparato: amperímetro o téster como amperímetro.

Conexiones y medida:

- Conexión en serie.

- Precaución con el cambio de bornes (en casi todos los tésters).

- Si se conecta en paralelo, se suele averiar irreparablemente el amperímetro y hay grave error de medida.

- Seleccionar ca o cc. En caso de equivocación, hay error en la medida, pero, además, se puede quemar el aparato de medida.

- El amperímetro, un aparato de baja impedancia.

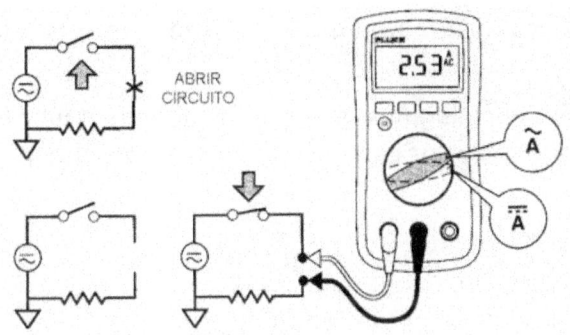

8.3. Medida de intensidad de corriente (pinza)

Objeto: conocer la intensidad de corriente en un punto de un circuito.

Aparato: pinza amperimétrica.

Conexiones y medida:

- Seleccionar magnitud.
- Insertar pinza en cable.
- Algunas pinzas pueden medir cc por efecto Hall.

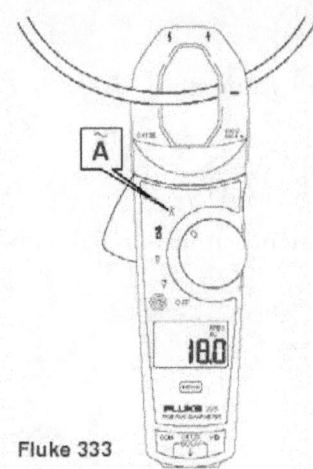

Fluke 333

8.4. Medida de resistencias de valor bajo: óhmetro

Objeto: conocer la resistencia de un componente o de un circuito.

Aparato: óhmetro.

Conexiones y medida:

- Conexión entre puntos a medir.

- El óhmetro aplica una pequeña tensión sobre el elemento bajo prueba.

- Precaución: el elementos bajo prueba no debe tener tensión ni de red ni otra oculta, por ejemplo, condensadores cargas, retornos.

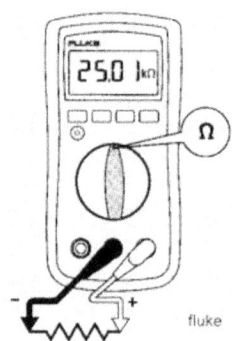

8.5. Medida de resistencias de alto valor: medida de aislamiento

Objeto: Medir el aislamiento entre partes de un circuito o máquina.

Aparato específico: Medidor de aislamiento o meger.

Conexiones y medida:

- Conexión entre puntos a medir.

- Seleccionar función.

- Seleccionar tensión de prueba.

- El medidor de aislamiento aplica una alta tensión sobre el elemento bajo prueba.

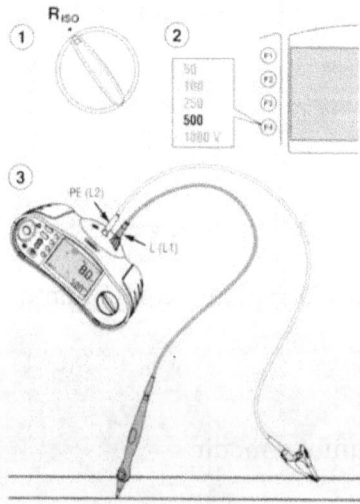

- Peligro: alta tensión. No tocar las puntas mientras se mide. Usar cables adecuados.

- Precaución: si al medir aislamiento entre conductores de una línea hay algún receptor conectado, puede resultar dañado.

8.6. Medida de continuidad

Objeto: asegurar la continuidad de un conductor, por ejemplo, del CP.

Comentario: Esta medida suele hacerse con el téster, es decir, con una tensión y corriente muy bajas. Las Guías del REBT, indican que la medida se haga con un aparato que suministre hasta 24 Vcc y 200 mA.

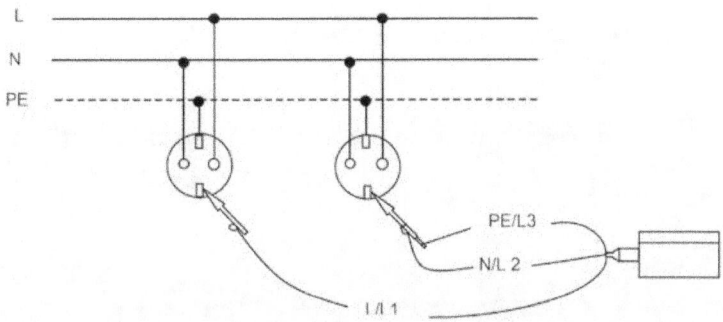

8.7. Medida de la potencia en ca

Objeto: medir la potencia activa.

Aparato específico: vatímetro.

Conexiones:

- Un vatímetro tienen dos circuitos uno voltimétrico y otro amperimétrico.

- Conectar el circuito voltimétrico en paralelo y el amperimétrico en serie, o mediante la pinza amperimétrica.

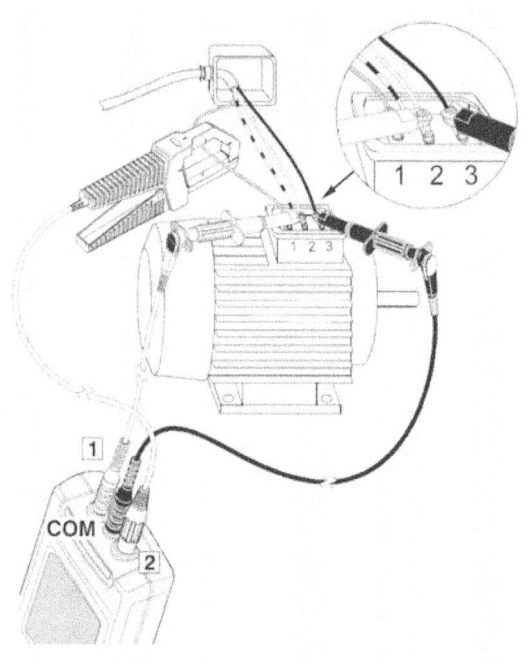

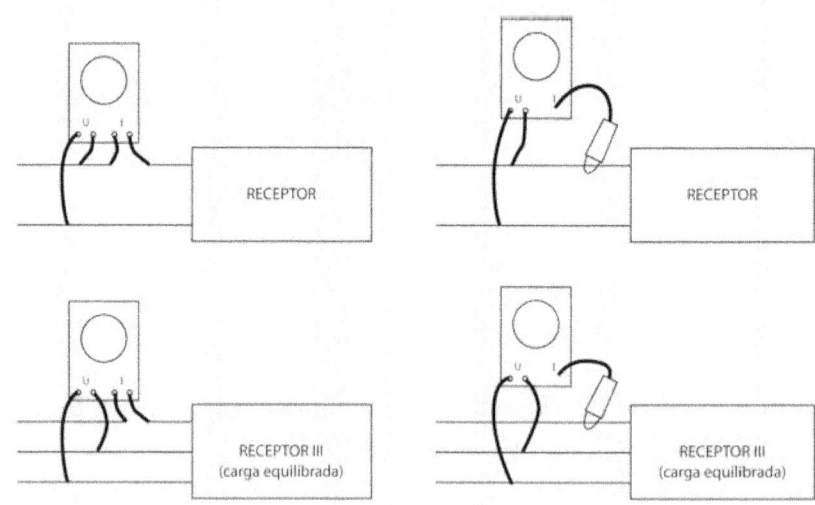

9. NORMATIVA Y REGLAMENTACIÓN ELECTROTÉCNICA

9.1. El REBT

El actual Reglamento Electrotécnico para baja tensión se publicó en el BOE 224 de 18 de septiembre de 2002, donde se publicaba el RD 842/2002 de 2 de agosto.

Consta, como es normal en la publicación de los reglamentos técnicos, de:

- Un RD de publicación.

- Un Reglamento propiamente dicho.

- Unas instrucciones técnicas complementarias que desarrollan el propio Reglamento.

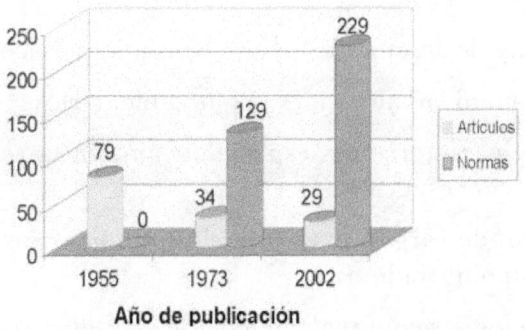

9.2. El Real Decreto. El Reglamento

9.2.1. El Real Decreto

Primero recuerda el RD 2413/1973 de 20 de septiembre por el que se aprobó el antiguo Reglamento.

Después establece la relación con la Ley de Industria, con las normativas europeas y con la normalización (AENOR, CEI, CENELEC).

Dice después que "la mayor novedad del Reglamento consiste en la remisión a normas". Este importante punto se desarrollará después.

Destaca los objetivos de seguridad, insistiendo en diversos puntos en este aspecto. En realidad, el REBT se inserta en el conjunto de normas de seguridad industrial.

Finalmente pondera o compara algunos aspectos del nuevo reglamento respecto al antiguo.

9.2.2. El Reglamento

El Reglamento tiene 29 artículos. Se destaca muy brevemente lo esencial o el sentido de cada artículo:

1. Objeto: Seguridad, fiabilidad.

2. Campo de aplicación: hasta 1000 Vca y 1500 Vcc (ambos inclusive).

3. Instalación eléctrica: noción.

4. Clasificación de las tensiones. Frecuencia de las redes: valores.

5. Perturbaciones en las redes: el creador de la perturbación deberá dotarse de los dispositivos protectores.

6. Equipos y materiales: instalación y utilización para la que fueron fabricados. Obligación de marcas con indicaciones mínimas.

7. Coincidencia con otras tensiones: manda el reglamento de la mayor.

8. Redes de distribución: se definirán valores de tensión e intensidades de corriente.

9. Instalaciones de alumbrado exterior: no sólo público.

10. Tipos de suministro: normales y complementarios.

11. Locales de características especiales: amplía la relación y exige reglamentación específica.

12. Ordenación de cargas: para previsión. Obligación de informas a empresas suministradoras.

13. Reserva de local: según reglamentación específica de actividades de transporte, distribución, comercialización, suministro y procedimientos de autorización de instalaciones de energía eléctrica.

14. Especificaciones particulares de las empresas suministradoras. Su ámbito de regulación normativa.

15. Acometidas e instalaciones de enlace: determina con precisión los límites de cada una de sus partes.

16. Instalaciones interiores o receptoras: atiende al equilibrio de cargas, subdivisión, protección y medidas de seguridad; exige condiciones específicas para los locales de pública concurrencia.

17. Receptores y puesta a tierra: deberá respetarse lo indicado en las ITCs correspondientes.

18. Ejecución y puesta en servicio de las instalaciones: en línea con la Ley de Industria, determina exigencias referidas a documentación, verificación, inspección, instaladores, suministros.

19. Información a usuarios: deberá entregarse al titular.

20. Mantenimiento de las instalaciones: obligatoriedad de mantener las instalaciones en buen estado.

21. Inspecciones: fija lo que deberá decir la ITC que desarrolle este aspecto.

22. Instaladores autorizados: las instalaciones eléctricas las ejecutarán los instaladores autorizados.

23. Cumplimiento de las prescripciones: para mínimos obligatorios de seguridad.

24. Excepciones: posibilidad de solicitud de excepción.

25. Equivalencia de normativa del Espacio Económico Europeo: obligación de aceptación de validez de certificados.

26. Normas de referencia: obligación de evolución con las normas citadas en el reglamento.

27. Accidentes: datos estadísticos.

28. Infracciones y sanciones: según Ley de Industria.

29. Guía técnica: publicación de una guía no vinculante.

9.3. Relación de itc's agrupadas por su área de aplicación

Las 51 ITC's pueden agruparse de la siguiente forma:

- 1 y 2.- Generales: terminología y normas de referencia.

- 3, 4 y 5: Normativa instalaciones e instaladores.

- 6 y 7: Redes de distribución, aéreas y subterráneas.

- 8: Esquemas de conexión a tierra.

- 9: Alumbrado exterior.

- 10 a 17: Suministro BT e instalaciones de enlace.

- 18: Instalaciones de puesta a tierra.

- 19 a 21: Instalaciones interiores o receptoras: prescripciones y sistemas de instalación.

- 22 a 24: Instalaciones interiores: protecciones.

- 25 a 27: Instalaciones interiores de viviendas.

- 28 a 30: Instalaciones en locales especiales, locales con riesgo de incendio y explosión e instalaciones en locales con características especiales.

- 31 a 42: Instalaciones con fines especiales y otros tipos.

- 43 a 48: Instalación de receptores.

- 49 a 51: Otras instalaciones de especial interés.

9.4. Las normas UNE en el REBT

Los reglamentos técnicos publicados en el BOE son obligatorios. El cumplimiento de las Normas UNE, no es de suyo obligatorio. Pero, un reglamento (RD) puede remitir a normas, que pasará a ser obligatorias.

En el actual reglamento las referencias a norma se hacen sin año de edición, con lo que pasen a ser vigentes las nuevas versiones.

Las normas las publica AENOR.

En algunas ITC's la consulta de las normas es prácticamente imprescindible.

Hay que destacar, por su especial importancia para el técnico eléctrico, la norma UNE 20460: "Instalaciones eléctricas en edificios".

9.5. Las guías del Ministerio

El artículo 29 dice: "El Centro Directivo competente en materia de Seguridad Industrial del Ministerio de Ciencia y Tecnología elaborará y mantendrá actualizada una Guía técnica, de carácter vinculante, para la aplicación práctica de las previsiones del presente Reglamento y sus Instrucciones Técnicas Complementarias, la cual podrá establecer aclaraciones a conceptos de carácter general incluidos en este Reglamento.

Actualmente (2005) las Guías publicadas son:

Introducción e índice.

- Introducción.

- Índice.

1.- Aspectos generales.

Guía BT RD 842/02: Real Decreto 842/2002.

Guía BT 03: Instaladores autorizados en baja tensión.

Guía BT 04: Documentación y puesta en servicio de las instalaciones.

Guía BT 05: Verificaciones e inspecciones.

2.- Instalaciones de enlace.

Guía BT 10: Previsión de cargas para suministros de baja tensión.

Guía BT 12: Esquemas.

Guía BT 13: Cajas generales de protección.

Guía BT 14: Línea general de alimentación.

Guía BT 15: Derivaciones individuales.

Guía BT 16: Contadores: ubicación y sistemas de instalación.

Guía BT 17: Dispositivos generales e individuales de mando y protección. Interruptor de control de potencia.

3.- Instalaciones interiores.

Guía BT 19: Instalaciones interiores o receptoras. Prescripciones generales.

Guía BT 20: Instalaciones interiores o receptoras. Sistemas de instalación.

Guía BT 21: Tubos y canales protectoras.

Guía BT 25: Instalaciones interiores en viviendas. Número de circuitos y características.

Guía BT 26: Instalaciones interiores en viviendas. Prescripciones generales de instalación.

Guía BT 27: Instalaciones interiores. Locales que contienen una bañera o ducha.

Guía BT 49: Instalaciones eléctricas en muebles.

4.- Instalaciones en locales de pública concurrencia.

Guía BT 28: Instalaciones en locales de pública concurrencia.

5.- Instalaciones de alumbrado exterior.

Guía BT 09: Instalaciones de alumbrado exterior.

Anexos:

Guía anexo 1: Significado y explicación de los códigos IP, IK.

Guía anexo 2: Cálculo de las caídas de tensión.

Guía anexo 3: Cálculo de corrientes de cortocircuito.

Guía anexo 4: Verificación de las instalaciones eléctricas.

9.7. Otros reglamentos relacionados con las instalaciones de frío y calor

Reglamento de plantas e instalaciones frigoríficas (RD 3099/1977, de 8 de septiembre) ITC's (Orden de 24 de enero de 1978), con todas las modificaciones que se han ido publicando en diversas Órdenes.

RESUMEN

Las instalaciones eléctricas se rigen por el REBT y sus Instrucciones Técnicas Complementarias.

La clasificación de las instalaciones determina las prescripciones y la forma de instalar.

El REBT tiene como primer objetivo la seguridad. Las protecciones eléctricas son esenciales para garantizar la seguridad.

La protección contra sobreintensidades (sobrecargas y cortocircuitos) se realiza con magnetotérmicos y fusible calibrados. Su actuación sigue "curvas" normalizadas. La protección contra contactos indirectos se realiza con interruptores diferenciales. Los diferenciales deben disparar según su sensibilidad en un tiempo determinado.

De los conductores eléctricos interesa especialmente su tensión asignada y su aislamiento. Éste determina su temperatura de trabajo (en régimen y en cortocircuito). La sección de un conductor depende de la cdt que tolere el receptor (según en REBT) y de la temperatura que soporte el cable.

La designación de conductores se rige por un código normalizado. Los colores de los conductores son también normativos.

Los cuadros eléctricos son esenciales en distribución por seguridad de funcionamiento y por seguridad de personas.

La forma de instalar las canalizaciones y los materiales son determinantes para la seguridad. El reglamento determina, con gran detalle, tanto los materiales como la forma de instalar.

La medida en las instalaciones eléctricas es fundamental para conocer el funcionamiento de las mismas. En la medida son determinantes tanto la calidad del aparato como la técnica y el saber hacer del técnico. Cada medida tiene su esquema de montaje. Siempre deben leerse las instrucciones de los fabricantes de los aparatos de medida. Entre los diversos aparatos de medida hay que destacar por su utilidad el polímetro o téster.

El REBT es el actual marco normativo de las instalaciones eléctricas BT. Junto con las normas de obligado cumplimiento constituye la fuente básica de información para cualquier instalación BT.

BIBLIOGRAFÍA

Fóuillé, A.: *Electrotecnia para ingenieros. Máquinas eléctricas*, Aguilar S.A. Ediciones

Gaucheron, E.: *Cahier tecnique. Nº 207. Les moteurs électriques. Pour mieux les piloter et les protéger*, Schneider Electric

Martín Romero, J.: *Electricidad*, Editorial Ramón Sopena, S.A.

Moeller & Werr: *Electrotecnia general y aplicada. Máquinas de cc y ca*, Editorial Labor, S.A.

Vidal Llenas, José: *Curso de Física (5ª Edición)*, Artes Gráficas Grijelmo S.A.

Biblioteca Técnica, Schneider Electric

Enciclopedia Salvat de la Ciencia y de la Tecnología, Salvat Editores S.A.

Manual electrotécnico. Telesquemario. Telemecanique, Schneider Electric

Reference data for Radio Engineers, ITT

MÓDULO CUATRO INSTALACIONES ELÉCTRICAS
Y AUTOMATISMOS

U.D. 3 MÁQUINAS ELÉCTRICAS

M 4 / UD 3

ÍNDICE

INTRODUCCIÓN

Definición de máquina

Se considera máquina, a todo aquel elemento, o conjunto de elementos, capaz de convertir un efecto de una determinada naturaleza física o química, en otro de efecto distinto, o de facilitar el esfuerzo para realizarlo.

Ejemplos

El motor de explosión: Convierte la energía procedente de la combustión, normalmente de un hidrocarburo, reacción química, en energía mecánica.

La polea: Nos facilita el trabajo de, por ejemplo, elevar una carga, por un doble efecto: El primero, el actuar en el mismo sentido que la gravedad y el segundo por un efecto de división de fuerzas.

Clasificación

En función de la naturaleza de sus características las máquinas podríamos clasificarlas de muy diversas formas: Mecánicas, eléctricas, electro-mecánicas. físico-químicas, neumáticas, electro-neumáticas, etc., pero dada la naturaleza de este curso vamos a referirnos exclusivamente a las **máquinas eléctricas**.

Ejemplos

Como algún ejemplo de lo expuesto anteriormente, y teniendo en cuenta que en muchos casos coinciden en la misma máquina diversos efectos: Mecánicos, eléctricos, físico-químicos, etc., lo que hace que pueda incluirse la misma máquina en diferentes clasificaciones, podríamos citar:

Mecánicas: **La palanca, la polea, el polipasto o ternal, el engranaje, etc.**

Eléctricas: **El motor eléctrico, la dinamo, el alternador, etc.**

Físico-químicas: **La termo-dinamo, la caldera de vapor, el baño galvánico, etc.**

Neumáticas: **El émbolo, etc.**

Electro-hidráulicas: **La bomba hidráulica, etc.**

Etc.

Clasificación de las máquinas eléctricas

Una primera clasificación, la podríamos establecer en función de que la máquina en cuestión sea generadora o consumidora de energía eléctrica:

Generadores eléctricos.

Motores eléctricos.

A partir de lo expuesto anteriormente, la clasificación siguiente vendría determinada por la naturaleza de la corriente generada o consumida:

Generadores y/o motores de corriente continua (cc).

Generadores y/o motores de corriente alterna (ca).

Aun podríamos entrar en otra clasificación, derivada de las características de la generación o alimentación eléctrica:

Generadores y/o motores monofásicos.

Generadores y/o motores trifásicos.

Generadores polifásicos.

Siguiendo con el concepto de adaptar el temario del presente curso a la naturaleza del mismo y considerando las necesidades de conocimiento, y aplicación que los profesionales que lo utilicen precisarán, nos centraremos en los **motores eléctricos**.

Otra importante razón estriba en que, dentro del apartado de máquinas eléctricas, los motores forman el conjunto más importante, motivado por el gran número de unidades que se fabrican y consumen como respuesta a la gran variedad de aplicaciones posibles que la industria, e incluso el gran consumo, demanda.

OBJETIVOS

El presente curso pretende que el alumno se familiarice con las máquinas eléctricas, esencialmente con los motores, tanto los de corriente continua como los de corriente alterna.

De los motores, analizamos y estudiamos su principio de funcionamiento, sus distintas formas de arranque y frenado, los métodos de inversión de sentido de giro así como sus distintas formas de protección y aplicaciones.

Se hace especial hincapié en el motor asíncrono de rotor en cortocircuito, por su mucha mayor incidencia en la industria actual.

1. MOTORES DE C.C.

Al motor de c.c. lo podemos definir como: Máquina eléctrica rotativa, capaz de convertir la energía eléctrica de c.c. en energía mecánica.

Los motores de corriente continua se componen de los siguientes elementos:

El inductor o estator

Es un elemento de circuito magnético inmóvil sobre el que se bobina un devanado para producir un campo magnético. El electroimán resultante consta de una cavidad cilíndrica entre sus polos.

El inducido o rotor

Es un cilindro de chapas magnéticas aisladas entre sí y perpendiculares al eje del cilindro, con unas ranuras paralelas al eje del motor, en las que se alojan las bobinas correspondientes. El inducido es móvil en torno a su eje y queda separado del inductor por un entrehierro.

El colector y las escobillas

El colector es solidario del inducido, las escobillas son fijas. Los conductores del inducido se alimentan por medio de este dispositivo.

Motor de cc con eje especial y electrónica incorporada

1.1. Fundamentos

Cuando se alimenta el inductor, se crea un campo magnético en el entrehierro en la dirección de los radios del inducido. El campo magnético "entra" en el inducido por el lado del polo norte del inductor y "sale" por el lado del polo sur.

Cuando se alimenta el inducido, dos corrientes del mismo sentido recorren sus conductores, situados bajo un mismo polo inductor (de un mismo lado de las escobillas). Por tanto, según la **ley de Laplace** (1), los conductores quedan sometidos a una fuerza de igual intensidad y de sentido opuesto. Ambas fuerzas crean un par que hace girar el inducido del motor.

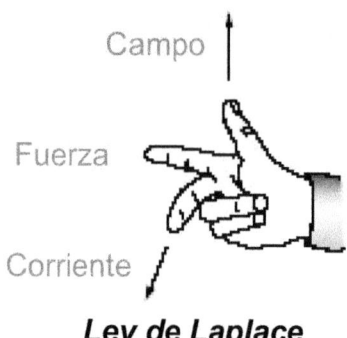

Campo

Fuerza

Corriente

Ley de Laplace

(1)   LEY DE LAPLACE: (Ley de la mano derecha) La fuerza total que actúa sobre un conductor de forma cualquiera, colocado en un campo magnético y recorrido por una corriente **I**, será el resultado de la suma de fuerzas **F** que el campo ejerce sobre el conductor **l** dado por la expresión:

$$F = I \quad l \; B \; \text{sen} \; \alpha$$

En donde: **F** es la fuerza que actúa sobre el conductor.
I la intensidad que circula por él.
l la longitud del conductor.
B la inducción magnética.

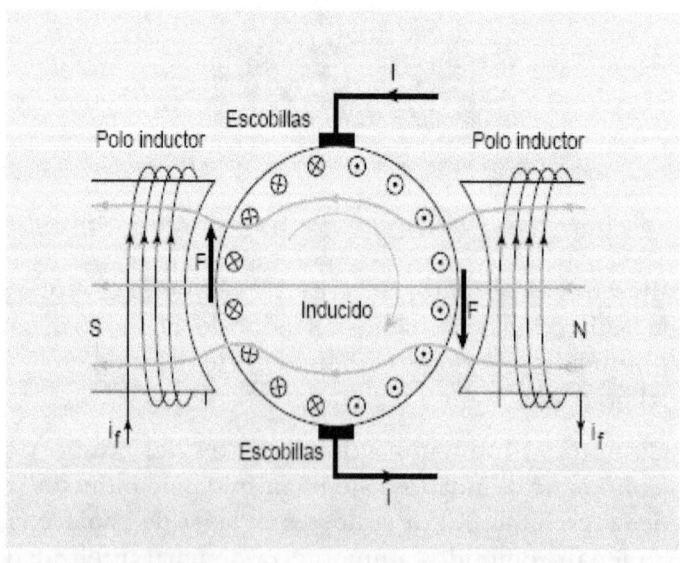

1.2. Tipos

De excitación paralela

Los bobinados inducido e inductor se conectan a circuitos independientes.

La inversión del sentido de rotación se obtiene generalmente por inversión de la tensión del inducido.

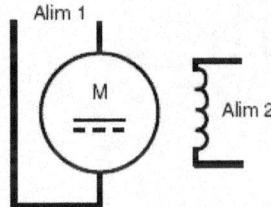

De excitación serie

La construcción de este motor es similar a la del motor de excitación separada. El bobinado inductor se conecta en serie al inducido, lo que da origen a su nombre.

La inversión del sentido de rotación se obtiene indistintamente por inversión de las polaridades del inducido o del inductor.

Estos motores se han utilizado tradicionalmente en tracción, especialmente en aquellos casos que la alimentación provenía de una batería de acumuladores, aunque actualmente están siendo sustituidos, fundamentalmente en la tracción ferroviaria, por los motores asíncronos.

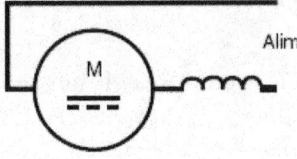

De excitación serie-paralelo (compound)

Concebido para reunir las cualidades de los motores de excitación serie y de excitación paralela.

Este motor consta de dos devanados por cada polo inductor.

Uno de ellos se conecta en paralelo con el inducido. Lo recorre una corriente débil con respecto a la corriente de trabajo. El otro se conecta en serie.

El motor es de flujo aditivo si se suman los efectos de los amperios-vuelta de ambos devanados. En caso contrario, es de flujo sustractivo, aunque esta variante no suele utilizarse debido a su funcionamiento inestable con cargas fuertes.

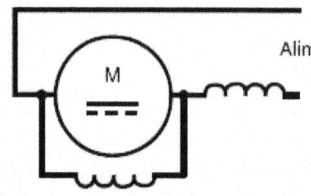

De excitación shunt

Los bobinados del inducido y del inductor, están alimentados por un circuito común.

La inversión del sentido de rotación, normalmente, se obtiene por la inversión de la polaridad.

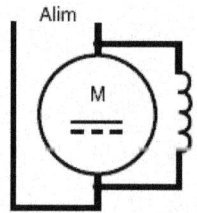

De imán permanente

Motor constituido por un rotor, al igual que los casos anteriores, bobinado, a través del que se aplica la excitación y un estator constituido por imanes permanentes.

Son motores muy utilizados en aplicaciones de pequeñas potencias.

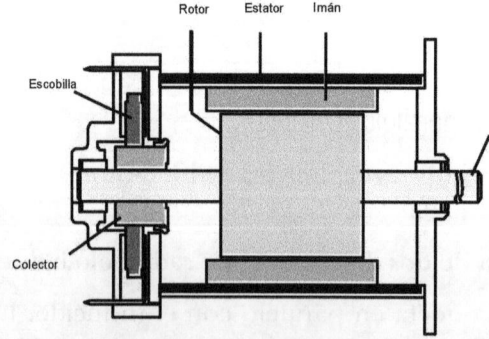

Imán permanente

1.3. Principio de funcionamiento

Cuando se alimenta el motor a una tensión continua o rectificada **U**, en voltios (**V,**) se produce una fuerza contraelectromotriz (**fcem**) **E**, así mismo en **V**, cuyo valor es: $E = U - RI$, en donde **R** es el valor resistivo en ohmios (Ω) e **I** la intensidad en amperios (**A**).

RI corresponde a la caída de tensión óhmica del inducido.

La fcem **E** está vinculada a la velocidad (ω) en revoluciones por minuto (**rpm**) y a la excitación (ϕ) mediante la relación $E = k\,\omega\,\phi$, en la que k es una constante propia del motor. Esta relación demuestra que, a excitación constante, la fcem E, proporcional a ω, es una imagen de la velocidad.

La velocidad de un motor de corriente continua se expresa mediante la fórmula $n = k\,E\,/\,f$.

Para aumentar la velocidad, es necesario aumentar **E**, la tensión de inducido (por tanto, la tensión de alimentación), y/o disminuir el flujo de excitación (por tanto, la corriente de excitación). En las máquinas de corriente continua, el par está vinculado al flujo inductor y a la corriente del inducido. El valor del par útil es: $C = k\,\phi\,I$

Para aumentar la velocidad y mantener el par, es necesario aumentar **I** y, por consiguiente, la tensión de alimentación. Al reducir el flujo, el par disminuye. El funcionamiento de un motor de corriente continua es reversible:

- Si se alimenta el inducido, proporciona un par: funcionamiento de tipo motor,

- Si el inducido gira sin ser alimentado (por ejemplo, bajo el efecto de una carga arrastrante), proporciona energía eléctrica: funcionamiento de tipo generador.

1.4. Aplicaciones

Los motores de corriente continua de excitación separada siguen siendo ampliamente utilizados para accionar máquinas a velocidad variable. Muy fáciles de miniaturizar, se imponen en las potencias muy bajas.

Se adaptan igualmente bien a la variación de velocidad con tecnologías electrónicas simples y económicas, y a las aplicaciones en las que se requiere un alto rendimiento desde fracciones de kilovatio a algunos megavatios.

Sus características también permiten regular con precisión el par, tanto en modo motor como en modo generador. Su velocidad de rotación nominal puede adaptarse fácilmente, desde fabricación, a todo tipo de aplicaciones.

Ejemplo de motor de cc

Entre una muestra de los ejemplos más significativos de aplicaciones podemos contemplar los siguientes:

Recreativos / vending / sistemas de pago en máquinas.

Ofimática: Impresoras, fotocopiadoras.

Actuadores de válvulas.

Expositores publicitarios.

Instrumentación laboratorio.

Filtros / robots piscinas.

Etc.

1.5. Consideraciones finales

Los motores de cc, aun siendo menos robustos que los motores asíncronos y requiriendo un mantenimiento regular del colector y de las escobillas, así como del inductor y el inducido, en el caso de potencias elevadas por tratarse de motores abiertos, siguen siendo ampliamente utilizados, aunque la tendencia es a que vayan siendo gradualmente sustituidos.

Cada vez más, sus aplicaciones se están viendo limitadas a pequeñas potencias, y a sistemas de potencias medianas de electrónicas muy simples.

2. MOTORES DE C.A.

Podríamos definir el motor de c.a. como la máquina eléctrica rotativa, capaz de transformar la energía eléctrica de c.a. en energía mecánica.

Los motores de corriente alterna se componen de los siguientes elementos:

El inductor o estator:

Es un elemento de circuito magnético inmóvil sobre el que se bobina un devanado para producir un campo magnético. El electroimán resultante consta de una cavidad cilíndrica entre sus polos.

El inducido o rotor:

Caso rotor bobinado: Es un cilindro de chapas magnéticas aisladas entre sí y perpendiculares al eje del cilindro, con unas ranuras paralelas al eje del motor, en las que se alojan las bobinas correspondientes. El inducido es móvil en torno a su eje y queda separado del inductor por un entrehierro.

En el caso citado anteriormente, deberemos considerar además:

El colector y las escobillas:

El colector es solidario del inducido, las escobillas son fijas. Los conductores del inducido se alimentan por medio de este dispositivo.

Caso rotor en corto circuito o "jaula de ardilla": Está constituido por una serie de planchas magnéticas aisladas entre si, prensadas y alojadas en sentido perpendicular al eje del motor que alojan las varillas características que dan nombre al motor "jaula" y que pueden ser de los siguientes tipos: jaula simple, jaula doble o jaula resistente.

Caso rotor de imán permanente: Está constituido por imanes permanentes, normalmente de: Samario / Cobalto o Neodimio / Hierro / Boro.

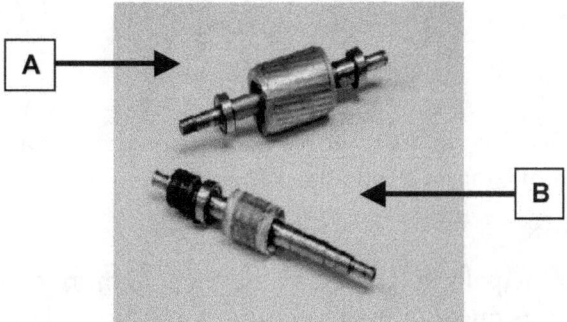

Diferencias entre rotor en jaula de ardilla (A) y de imán permanente (B)

2.1. Fundamentos

El campo magnético giratorio generado en el estator del motor, induce un campo magnético en el rotor que origina el par motor que le hace girar **Ley de Lenz** (1).

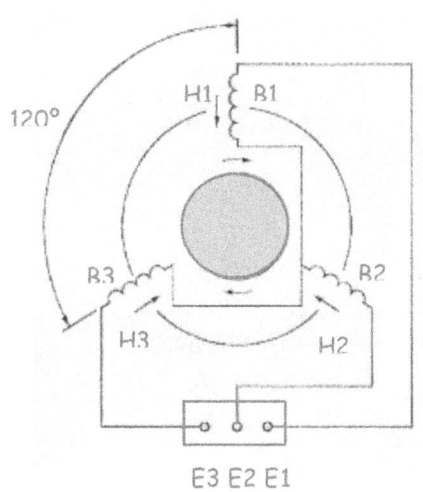
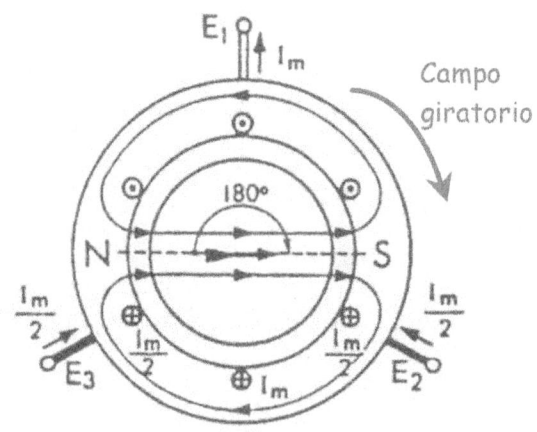

Creación del campo magnético en el estator de un motor de c.a.

(1) **LEY DE LENZ**: La fuerza electromotriz inducida **F** tiende a oponerse a la causa que la engendra.

$$F = \frac{d\Phi}{dt}$$

En donde: **dΦ** es la variación experimentada en el tiempo **dt** por el flujo magnético que atraviesa la espira.

2.2. Tipos

Una primera clasificación de los motores de c.a., obedecería a su forma constructiva lo que origina su particular funcionamiento:

Motores asíncronos:

Su característica principal y la que le da a su vez el nombre común con el que se le conoce, es que gira ligeramente por debajo de la **velocidad de sincronismo** (2).

(2) **VELOCIDAD DE SINCRONISMO**:

$$n = \frac{f \times 60}{p} \times (1 - s) \; rpm$$

En donde: **n** es la velocidad de sincronismo en revoluciones por minuto (**rpm**). **F** es la frecuencia de la red (**50 Hz**), o la suministrada por un variador de frecuencia,

P es el Nº de pares de polos del motor.

Y **s** es el **deslizamiento** (3).

(3) **DESLIZAMIENTO**:

$$s = \frac{Ns - N}{Ns} \times 100 \; (\%)$$

En donde:

$$Ns = \frac{60 \times f}{p}$$

Y **N** es la velocidad de rotación del motor en **rpm**.

Motores síncronos:

Son aquellos motores cuya velocidad es fija y proporcional a la frecuencia de la c.a. aplicada.

Otra posible clasificación podría derivarse de su conexión eléctrica:

Motores monofásicos:

Alimentados por tensiones monofásicas.

Motores trifásicos:

Alimentados por tensiones trifásicas.

Otra de las clasificaciones usuales, viene determinada por la forma constructiva del rotor, según hemos podido ver en el apartado 9.3.2:

De rotor bobinado.

De rotor en corto circuito o en jaula de ardilla.

De rotor de imanes permanentes.

Por último citaremos un motor de unas características particulares:

El motor universal:

Es un motor serie, que puede funcionar indistintamente en c.c. y en c.a.

Son motores normalmente de pequeñas potencias (menores de 1 CV). Que suelen trabajar a velocidades elevadas (hasta 10.000 rpm en vacío y hasta 3.500 rpm a plena carga).

En el caso de conexión a c.a. será conveniente que el núcleo sea laminado para evitar excesivas corrientes parásitas y las bobinas inductoras tengan un menor nº de espiras que el de c.c.

Motor de c.a.

2.3. Principios de funcionamiento

Aunque el principio de funcionamiento difiere poco entre todos los tipos citados, a excepción del motor universal, del que ya se ha mencionado su característica diferencial, **en lo sucesivo, nos estaremos refiriendo siempre, si no se hace otra mención expresa, al motor asíncrono,** dado que en la actualidad es el más utilizado, en virtud de sus características.

El uso de estos motores se impone en la mayoría de las aplicaciones debido a las ventajas que conllevan: robustez, sencillez de mantenimiento, facilidad de instalación, bajo coste.

Es indispensable recordar los principios de funcionamiento y de fabricación de estos motores, así como describir y comparar los principales dispositivos de arranque, regulación de velocidad y frenado que se utilizan con ellos.

El principio de funcionamiento de un motor asíncrono se basa en la creación de corriente inducida en un conductor cuando éste corta las líneas de fuerza de un campo magnético, de donde proviene el nombre "motor de inducción".

Imagine una espira **ABCD** en cortocircuito situada en un campo magnético **B** y móvil alrededor de un eje **xy**.

Si se hace girar el campo magnético en el sentido de las agujas del reloj, la espira queda sometida a un flujo variable y se convierte en el soporte de una fuerza electromotriz inducida que origina una corriente inducida **i**, **ley de Faraday** (4).

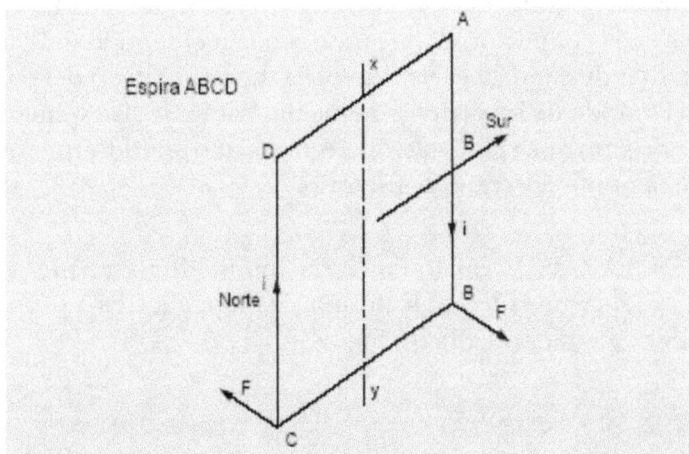

Creación de una corriente inducida en una espira en cortocircuito

Es posible definir el sentido de la corriente de los conductores activos **AB** y **CD** mediante la aplicación de la regla de los tres dedos de la mano izquierda. La corriente inducida circula de **A** a **B** en el conductor **AB** y de **C** a **D** en el conductor **CD**.

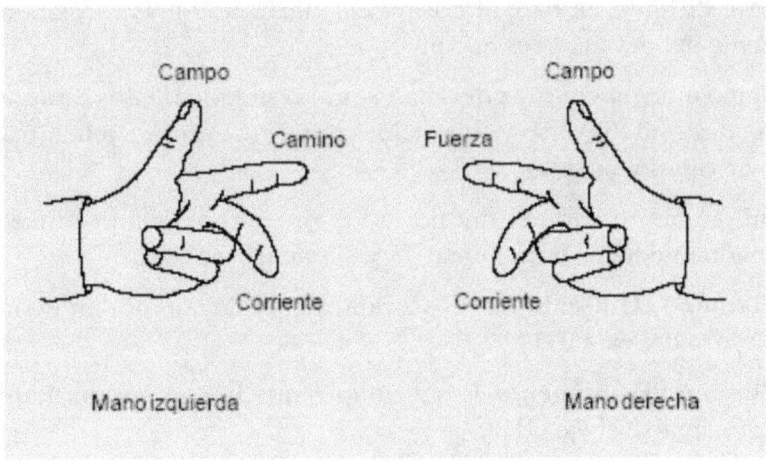

Reglas de los tres dedos

Según la ley de Lenz, el sentido de la corriente es tal que se opone por su acción electromagnética a su causa de origen.

Cada uno de los dos conductores se somete por tanto a una fuerza F, en sentido opuesto a su desplazamiento relativo con respecto al campo inductor.

La regla de los tres dedos de la mano derecha (acción del campo sobre una corriente) permite definir fácilmente el sentido de la fuerza F que se aplica a cada conductor. El pulgar se sitúa en el sentido del campo del inductor. El índice indica el sentido de la fuerza. El dedo del corazón se sitúa en el sentido de la corriente inducida. Por tanto, la espira se somete a un par que provoca su rotación en el mismo sentido que el campo inductor, denominado campo giratorio.

(4) **LEY DE FARADAY**: Cualquier variación del flujo magnético de un circuito, produce una fuerza electromotriz inducida (fem) proporcional a la rapidez con que varia dicho flujo:

$$fem = \frac{d\Phi}{dt}$$

- **Creación del campo giratorio:**

Tres devanados, con un decalado geométrico de 120°, se alimentan de sendas fases de una red trifásica alterna.

Los devanados reciben corrientes alternas de idéntico decalado eléctrico que producen un campo magnético alterno sinusoidal. Dicho campo, siempre dirigido en base al mismo eje, alcanza el máximo cuando la corriente del devanado es máxima.

El campo que genera cada devanado es el resultado de dos campos que giran en sentido inverso y cuyo valor constante equivale a la mitad del valor de campo máximo.

En un momento dado **t1** del período, los campos que produce cada devanado pueden representarse de la siguiente manera:

- El campo **H1** disminuye. Los 2 campos que lo componen tienden a alejarse del eje **OH1**.

- El campo **H2** aumenta. Los 2 campos que lo componen tienden a aproximarse al eje **OH2**.

- El campo **H3** aumenta. Los dos campos que lo componen tienden a aproximarse al eje **OH3**.

El flujo correspondiente a la fase 3 es negativo. Por tanto, el sentido del campo es opuesto al de la bobina.

La superposición de los tres diagramas permite constatar lo siguiente:

- los tres campos que giran en el sentido inverso al de las agujas del reloj están decalados de 120° y se anulan.

- los tres campos que giran en el sentido de las agujas del reloj se superponen.

Estos campos se suman y forman el campo giratorio de amplitud constante **3Hmax/2** de 2 polos.

Este campo completa una vuelta por cada período de corriente de alimentación.

Su velocidad es una función de la frecuencia de la red **f** y del número de pares de polos **p**. Se denomina "velocidad de sincronización" y se obtiene mediante la fórmula ya conocida:

$$Ns = \frac{60 \times f}{p} \ rpm$$

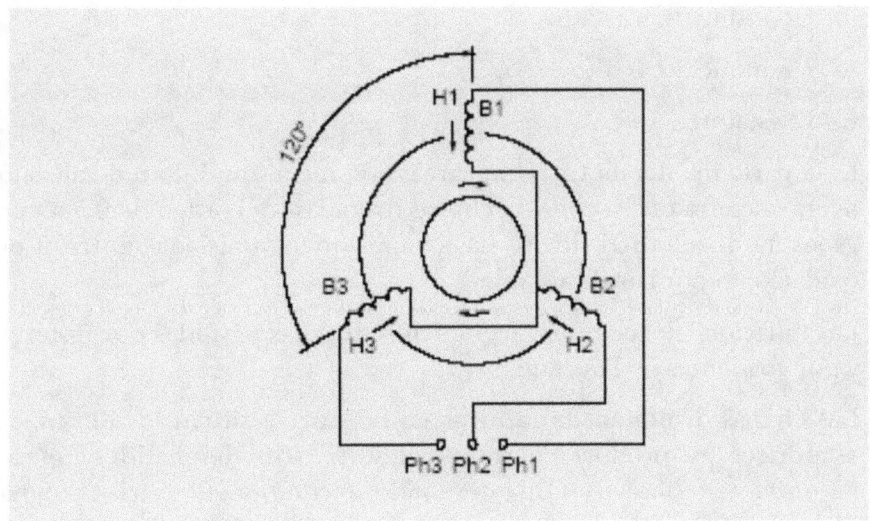

Principio de un motor asíncrono trifásico

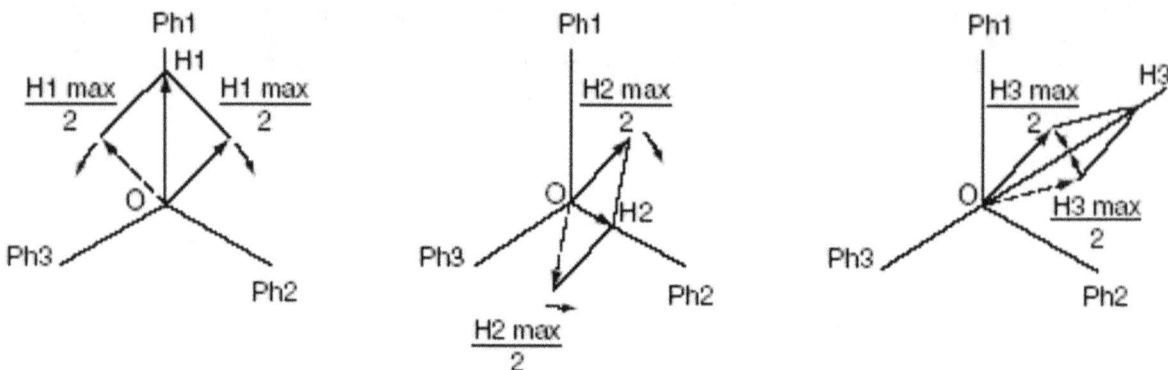

Campos generados por las tres fases

- **Algunas consideraciones particulares referente a la constitución de los motores asíncronos:**

Un motor asíncrono trifásico consta de dos partes principales:

– Un inductor, o estator.

– Un inducido, o rotor.

- **El estator:**

Es la parte fija del motor. Una carcasa de metal fundido o de aleación ligera encierra una corona de chapas delgadas (del orden de 0,5 mm de espesor) de acero al silicio. Las chapas quedan aisladas entre sí por oxidación o por barniz aislante.

La "foliación" del circuito magnético reduce las pérdidas por histéresis y por corrientes de Foucault.

Las chapas disponen de ranuras en las que se sitúan los devanados estatóricos que producen el campo giratorio (tres devanados en el caso de un motor trifásico). Cada devanado se compone de varias bobinas. El modo de acoplamiento de las bobinas entre sí determina el número de pares de polos del motor y, por tanto, la velocidad de rotación.

- **El rotor:**

Es la parte móvil del motor. Al igual que el circuito magnético del estator, se compone de un apilamiento de chapas delgadas aisladas entre sí que forman un cilindro enchavetado sobre el eje del motor.

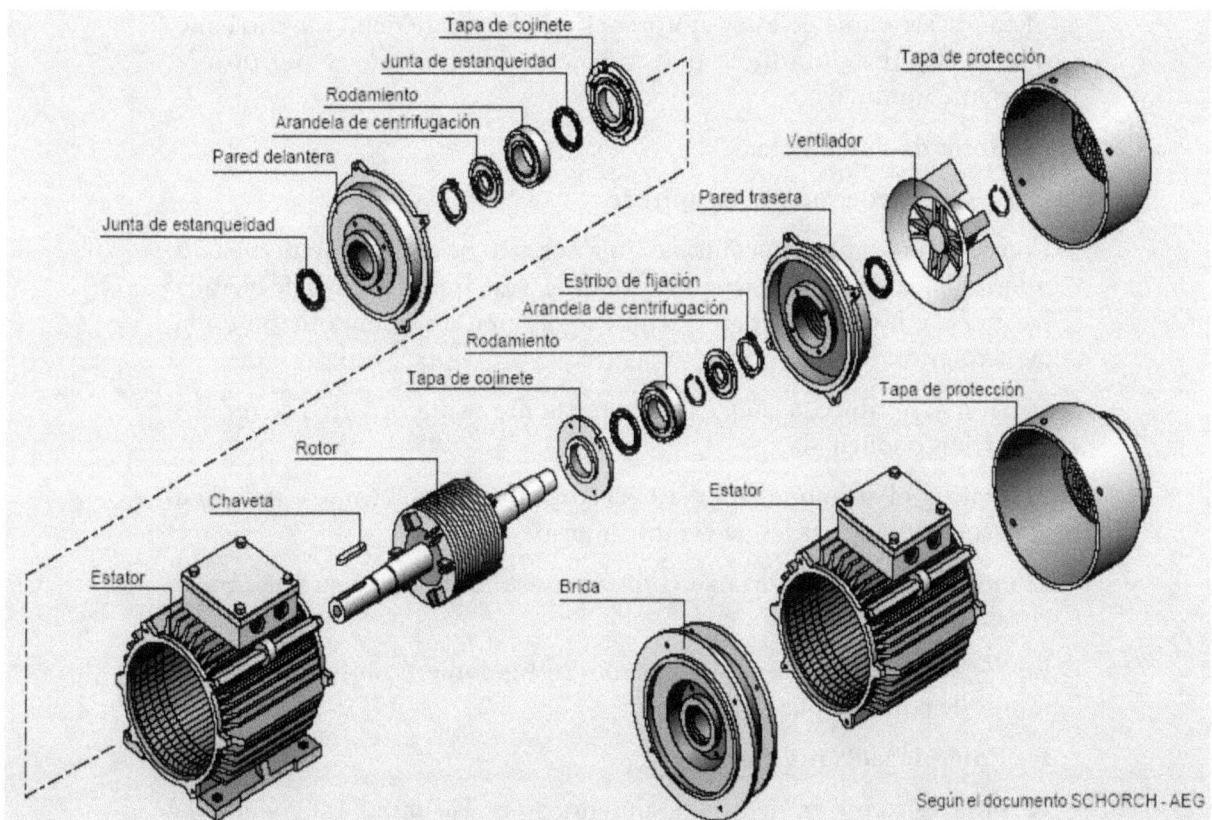

Componentes de un motor asíncrono trifásico de jaula

Rotor de jaula

- **Rotor de jaula simple:**

Existen unos taladros o ranuras ubicados hacia el exterior del cilindro en los que se sitúan los conductores conectados a cada extremidad por medio de una corona metálica y sobre los que se aplica el par motor que genera el campo giratorio.

Los conductores se inclinan ligeramente con respecto al eje del motor para que el par sea regular. El conjunto tiene el aspecto de una jaula, lo que explica el nombre de este tipo de rotor.

En motores pequeños, la jaula está totalmente moldeada.

Normalmente, se utiliza aluminio inyectado a presión. Las aletas de refrigeración, coladas durante la misma operación, hacen masa con el rotor.

El par de arranque de estos motores es relativamente débil y la corriente que se absorbe durante la puesta bajo tensión es muy superior a la corriente nominal.

- **Rotor de doble jaula:**

Este es el tipo de rotor más utilizado.

Consta de dos jaulas concéntricas, una exterior de gran resistencia y otra interior más débil. Al iniciarse el arranque, dado que el flujo es de elevada frecuencia, las corrientes inducidas se oponen a su penetración en la jaula interior.

El par que produce la jaula exterior resistente es importante y se reduce la corriente solicitada.

Al finalizar el arranque, la frecuencia disminuye en el rotor y se facilita el paso del flujo a través de la jaula interior.

El motor pasa a comportarse como si constara de una sola jaula poco resistente.

En régimen estable, la velocidad sólo es ligeramente inferior a la del motor de jaula simple.

- **Rotor de jaula resistente:**

El rotor resistente existe principalmente en jaula simple. En general, la jaula queda cerrada por dos anillos de acero inoxidable resistente. Ciertos motores son de tipo motoventilado.

El rendimiento de los motores de jaula resistente es inferior, pero la variación de la velocidad puede obtenerse alterando únicamente la tensión. Por lo demás, su par de arranque es bueno.

- **El rotor de bobina (rotor de anillos):**

Unos devanados idénticos a los del estator se sitúan en las ranuras de la periferia del rotor, que generalmente es trifásico.

Una de las extremidades de cada uno de los devanados está unida a un punto común (acoplamiento en estrella). Las extremidades libres pueden conectarse a un acoplador centrífugo o a tres anillos de cobre aislados y solidarios del rotor.

Varias escobillas de grafito conectadas al dispositivo de arranque frotan los anillos. Dependiendo del valor de las resistencias insertadas en el circuito rotórico, este tipo de motor puede desarrollar un par de arranque que alcanza 2,5 veces el valor del par nominal. La punta de corriente durante el arranque es prácticamente igual a la del par.

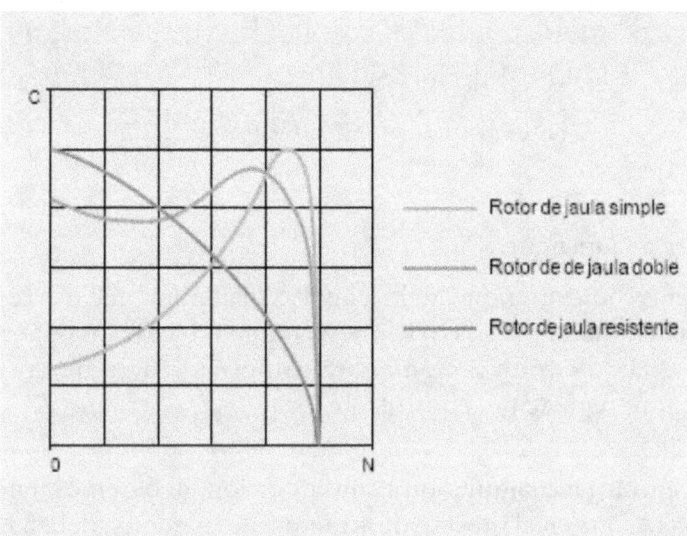

Curvas de par/velocidad de los distintos rotores de jaula

2.4. Aplicaciones

Dado el importante número de aplicaciones a las que el motor de c.a. se presta, su relación resultaría prácticamente interminable.

Como pauta podemos aceptar, que cualquier aplicación que se nos presente, en la que sea necesaria la utilización de un motor, independientemente de: Su tensión de utilización, potencia, configuración mecánica, etc., siempre, o casi siempre, encontraremos un motor adecuado al caso.

A modo de simple ejemplo podríamos citar las siguientes aplicaciones:

- Pequeños electrodomésticos: Batidoras, molinillos de café lavadoras, robots de cocina, etc.

- Motores de pequeña y mediana potencia para aplicaciones industriales: Turbinas, ventiladores, bombas cintas transportadoras, etc.

- Motores de pequeña y mediana potencia para máquinas herramienta: Tornos, fresadoras, sierras circulares y de cinta, etc.

- Motores de potencias medias/altas, para grandes máquinas: Prensas, compactadoras, máquinas para grandes embalajes, etc.

- Motores para tracción eléctrica.

- Etc.

3. SISTEMAS DE ARRANQUE, INVERSIÓN Y REGULACIÓN DE MÁQUINAS ELÉCTRICAS EN SERVICIO. PRECAUCIONES

Definición de arranque:

Entendemos como arranque, todas aquellas maniobras que nos conducen a la puesta en marcha, y sólo a la puesta en marcha, de un determinado proceso. Cualquier otra acción estará comprendida en una maniobra de: Inversión, regulación, control, etc.

Antes de entrar en cualquier otra consideración, deberemos tener MUY EN CUENTA, que en el proceso de arranque de un motor, deben incluirse NECESARIAMENTE, tanto por una razón obvia de protección de las personas, como la de las máquinas e instalaciones, así como por necesidades legales, los siguientes elementos:

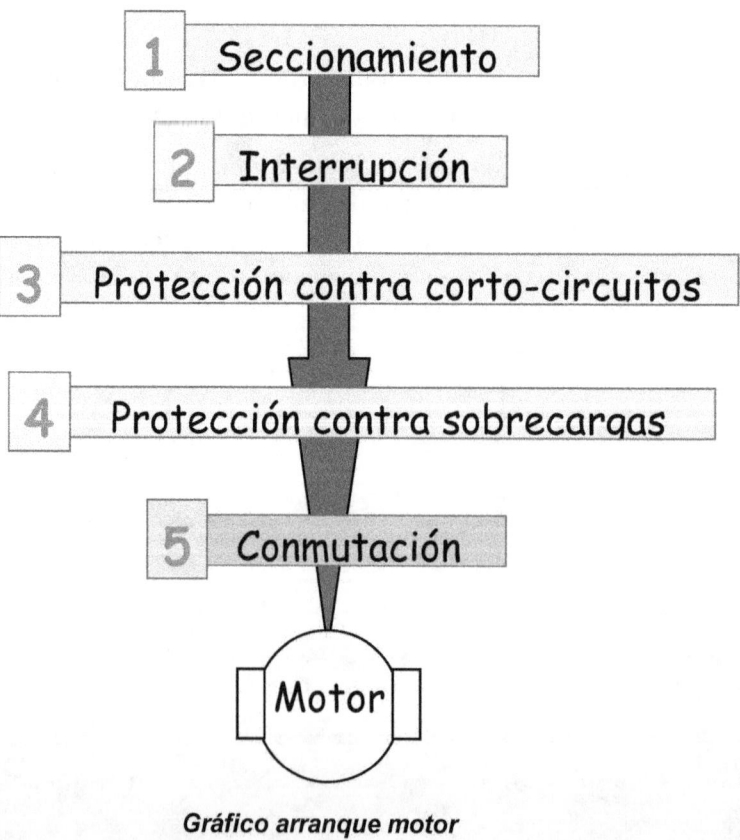

Gráfico arranque motor

De los 5 elementos mostrados en el gráfico anterior, solamente el 5º: Conmutación, podrá suprimirse, siempre y cuando, la automatización no sea necesaria.

Veamos a continuación, aunque someramente, las características y funciones que cumplen cada uno de los 5 elementos citados.

Seccionamiento

Permite de forma segura mantener el circuito sin tensión. (Norma IEC 947-3).

NUNCA deberá abrirse ni cerrarse el seccionador **con carga**, puesto que dicho accionamiento, no lleva sistemas de absorción de chispa y dependiendo de las intensidades que se manejen, el arco a la conexión o a la desconexión podría producir ACCIDENTES GRAVES en el operario que lo manipulara.

El seccionador deberá además cumplir con los siguientes requisitos:

- Ser de contactos aparentes.
- Ser de conexión / desconexión omnipolar.

De los 5 elementos mostrados en el gráfico anterior, solamente el 5º: Conmutación, podrá suprimirse, siempre y cuando, la automatización no sea necesaria.

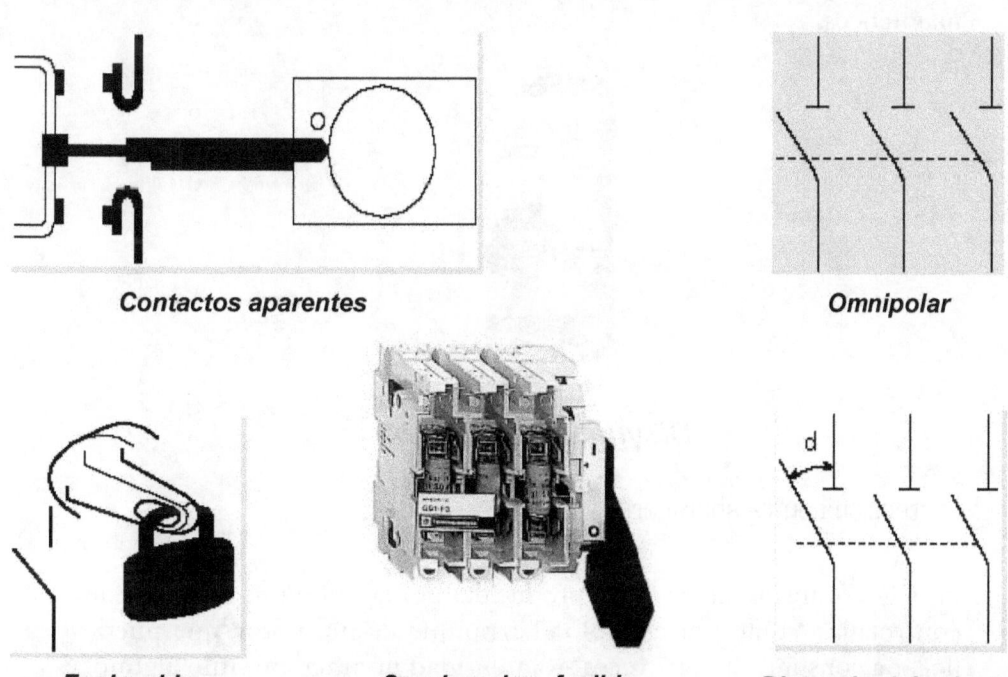

Contactos aparentes　　　*Omnipolar*

Enclavable　　　*Seccionador - fusible*　　　*Distancia aislamiento*

Seccionador y sus características

- Ser enclavable. **No podrá enclavarse nunca el seccionador cuando esté en posición cerrada o cuando sus contactos se hayan cerrado accidentalmente.**

- Disponer de las distancias de aislamiento necesarias para impedir el cebado del arco.

Interrupción

Permite establecer, tolerar e interrumpir las corrientes de un circuito con carga.

Protección contra corto-circuitos

Protege contra las altas intensidades (del orden de los KA) producidas en un corto espacio de tiempo por un corto-circuito (contacto directo entre dos fases activas, o entre una fase y un neutro).

Por esta razón debe ser de respuesta lo más rápida posible y actúa directamente sobre el circuito de potencia al cual protege.

Suelen emplearse para estas protecciones, los fusibles o los disyuntores magnéticos.

Disyuntor magnético

Protección contra sobrecargas

Protege contra las intensidades producidas por las sobrecargas, bien sean controladas, como por ejemplo el arranque de un motor, que puede llegar a consumir hasta 7 veces su intensidad nominal durante algunos segundos (entre 3 y 7 aproximadamente, según el sistema de arranque), como incontroladas, como por ejemplo el roce excesivo de un motor por falta de engrase, por rotura de cojinete, etc.

Las protecciones contra sobrecargas suelen efectuarse mediante los dispositivos térmicos, que a diferencia del caso anterior, no actúan normalmente, excepto en el caso de muy bajas intensidades, directamente sobre el circuito de potencia, sino que mandan una señal a éste para que se desconecte.

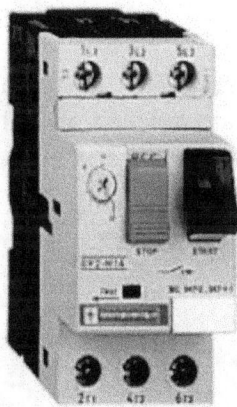

Disyuntor magneto - _térmico_

Conmutación

Permite el control del arranque y parada del motor; puede ser de arranque/parada brusca (on/ off) o variable (arranque progresivo y variación de velocidad).

El elemento más habitual empleado en la conmutación es el contactor.

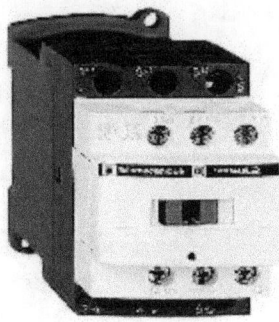

Contactor

Clasificación de los arranques

Existen diferentes sistemas de arranque a aplicar en motores. Una primera clasificación podría ser:

- Arranque directo.

- Arranque parcialmente controlado.

- Arranque totalmente controlado.

Cada una de las clasificaciones anteriores, que en ocasiones llevan implícita alguna otra maniobra, como la regulación y/o el control, nos permiten, a su vez, las siguientes opciones:

En el arranque directo:

- Arranque por interruptor.

- Arranque por contactor.

- Nuevas tecnologías.

En el arranque parcialmente controlado:

- Arranque estrella / triángulo.

- Arranque de motores de devanados partidos "part-winding".

- Arranque por resistencias rotóricas / estatóricas. - Arranque por autotransformador.

En el arranque totalmente controlado:

- Arranque por arrancador estático o electrónico.

- Arranque por variador de velocidad.

- Nuevas tecnologías.

Veamos a continuación el esquema característico y una imagen de la realidad, de algunos ejemplos de los sistemas de arranque reseñados:

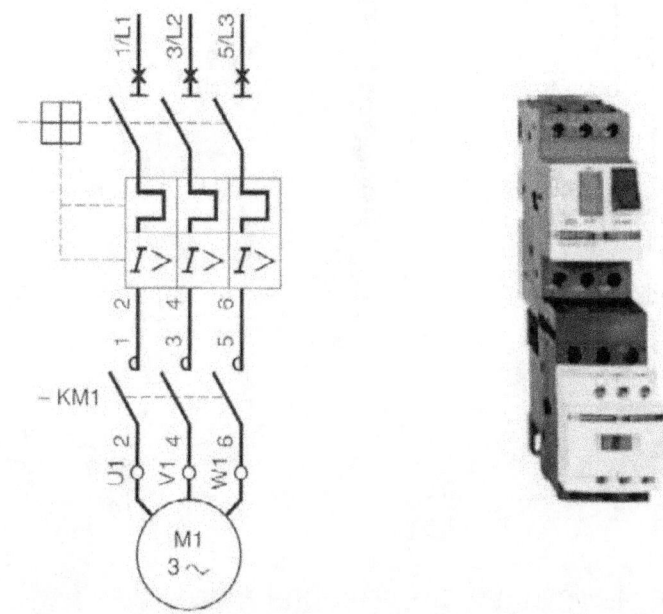

Arranque directo por contactor (con protección magnetotérmica)

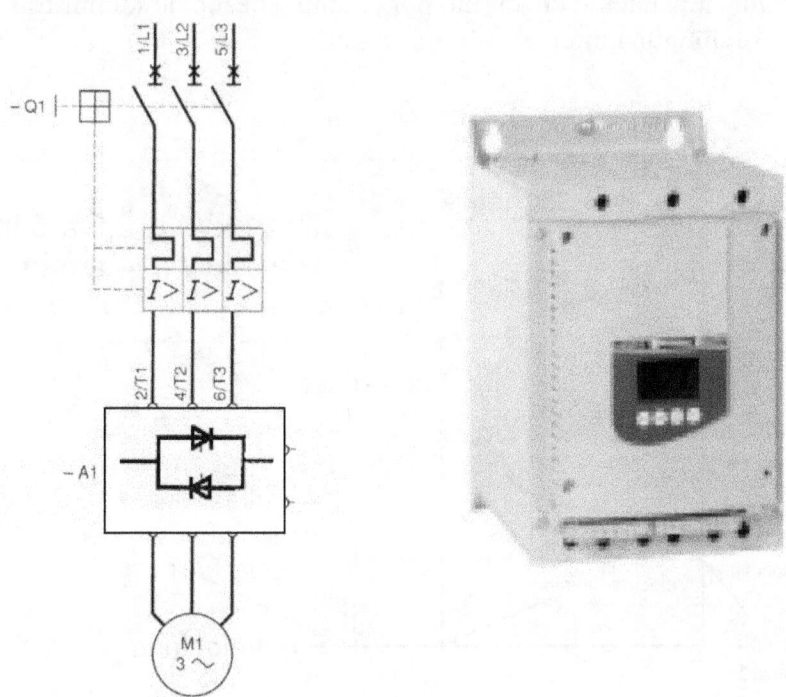

Arranque por arrancador electrónico (con protección magnetotérmica)

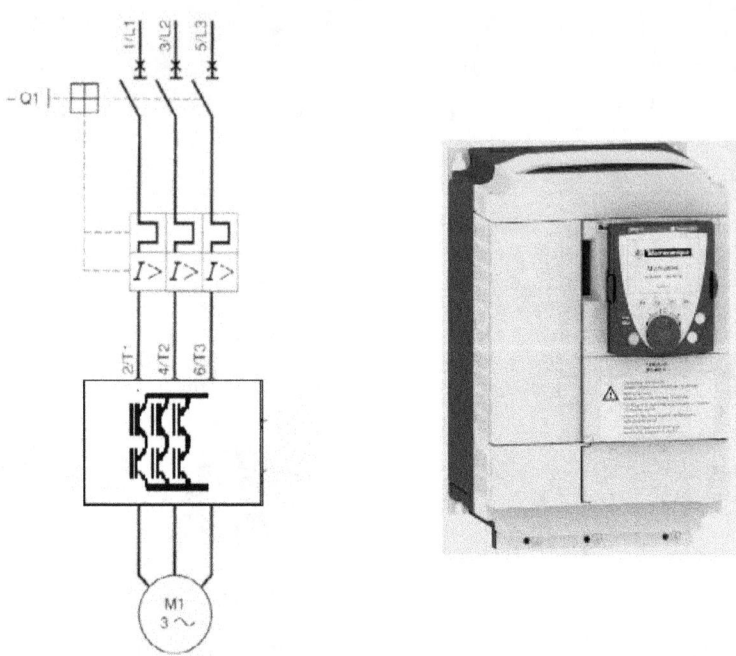

Arranque con variador de velocidad (con protección magnetotérmica)

3.1. El arranque directo en el motor de c.a.

Entendemos como arranque directo de un motor, aquel proceso que inicia el funcionamiento del mismo por el simple hecho de suministrarle tensión, sin ninguna intervención sobre ésta.

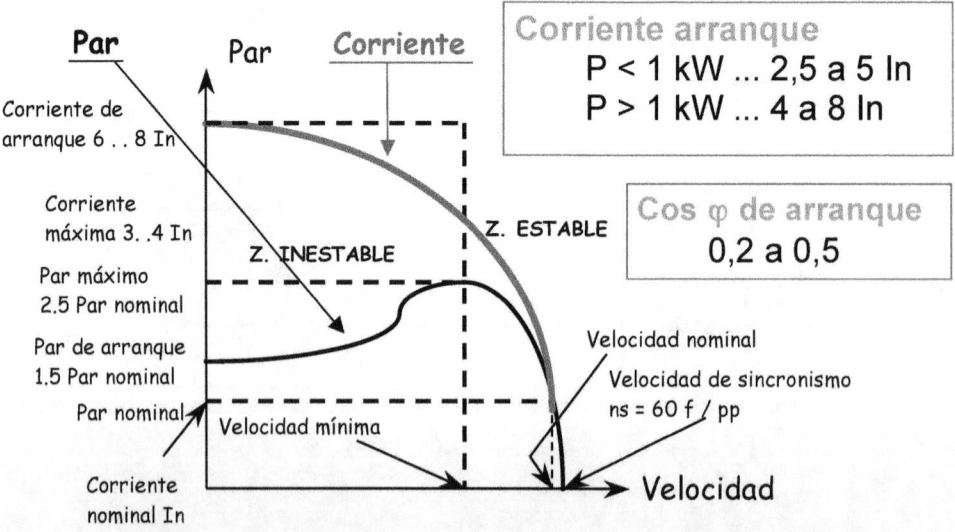

Gráfico característico de un arranque directo en un motor de c.a.

Características fundamentales:

- Par inicial de arranque: 0,6 a 1,5 Mn

- Corriente inicial de arranque: 4 a 8 In

- Duración media del arranque: 2 a 3 seg.

Mn = Par nominal

In = Intensidad nominal

Aplicaciones básicas:

- Motores de hasta 4KW.

- Máquinas pequeñas que puedan arrancar a plena carga, sin problemas mecánicos (rodamientos, correas, cadenas, etc.).

- Bombas, Ventiladores.

- Etc.

Ventajas:

- Arrancador de esquema simple.

- Coste económico.

- Par de arranque importante, en comparación con otros arranques.

Inconvenientes:

- Punta de intensidad muy importante (la red debe admitir esta punta).

- Arranque brusco, golpe mecánico: Riesgo de roturas, mayor desgaste en rodamientos y en las transmisiones a correas o cadena.

- Parada no controlada o en rueda libre.

- Golpe de ariete. Fundamentalmente en las conducciones de fluidos por efecto de una bomba.

A continuación veremos los distintos sistemas de arranque directo empleados, tanto en motores de c.c. como de c.a.

3.2. Arranque por interruptor

Como su mismo nombre indica, es aquel en que el elemento encargado de suministrar la energía necesaria para el funcionamiento del motor, es un interruptor, que podrá ser: de palanca, rotativo, de cuchillas, etc.

Éste proporciona la tensión necesaria para que el motor funcione a sus **características nominales** de: intensidad, velocidad, par, etc.

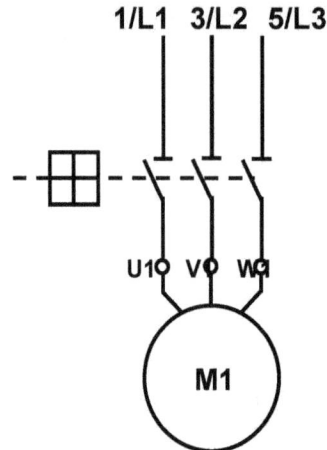

1/L1 3/L2 5/L3

U1 V W

M1

Esquema de un arranque con interruptor

3.3. Arranque por contactor

El arranque por contactor, a diferencia del anterior, nos permitirá automatizar el arranque.

En este caso, la energía al motor se la proporciona un dispositivo magneto-mecánico (contactor), en el que están perfectamente diferenciadas las etapas de potencia (energía al motor) y control (automatización).

Este último, merced al suministro de una tensión, igual o diferente de la del motor, que procedente de cualquier dispositivo: Pulsador, autómata, etc. alimenta la bobina del contactor haciendo que, cuando se produce este efecto, se cierre alimentando al motor, abriéndose y, por lo tanto, parando el motor cuando la bobina deja de estar alimentada.

1/L1 3/L2 5/L3

1   3   5

-KM1

2   4   6

U1 V1 W1

M1

Esquema de un arranque con contactor (-KM1)

En los dos casos anteriores, se ha omitido, expresamente, cualquier tipo de protección: Magnética, térmica o cualquier otra. Éstas se verán en próximos capítulos.

En los dos casos anteriores, se ha omitido, expresamente, cualquier tipo de protección: Magnética, térmica o cualquier otra. Éstas se verán en próximos capítulos.

3.4. Arrancadores compactos

Los sistemas tradicionales para arrancar un motor eléctrico, han evolucionado en los últimos tiempos, con la pretensión de conseguir diferentes efectos: Mayor fiabilidad, mejores protecciones, mejor facilidad de diseño, mayor comodidad en la instalación, menor mantenimiento, miniaturización de los sistemas, etc.

Por lo dicho anteriormente, los equipos actuales de arranque de motores, llevan normalmente integradas una buena parte de las protecciones necesarias; necesarias, tanto por la seguridad de las personas y las instalaciones, como por las exigencias de las distintas legislaciones: Municipales, autonómicas, nacionales y de la C.E.

Referente a las protecciones mencionadas, como mínimo, los nuevos sistemas integran la protección magnética: Frente a cortocircuitos, y la térmica: Frente a las sobrecargas; pudiendo además, según la tecnología del equipo, incorporar otras protecciones como: Desajuste de fases, fallo de fase, deriva a tierra, sobrecarga, subcarga, etc.

Por último diremos que estos nuevos equipos, pueden o suelen llevar integrada una pequeña pantalla en la que aparecen los datos que puede controlar, bien para programarlos, verificarlos, o tener constancia del fallo producido, caso de existir. Las más sofisticadas nos permiten, a mayor comodidad, comunicarnos con distintos elementos de la instalación: Otros equipos de arranque, autómatas, detectores, PC`s, etc., mediante distintos lenguajes de comunicación: MODBUS, ASI, etc.

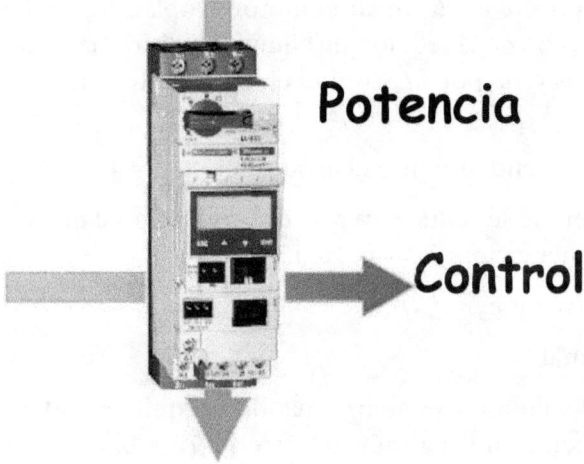

Potencia

Control

Arrancador de última generación

4. GENERALIDADES SOBRE LOS ARRANQUES PARCIAL O TOTALMENTE CONTROLADOS

Veamos a continuación los distintos sistemas de arranque total o parcialmente controlados.

Entendemos por arranque parcialmente controlado, aquel que nos permite modificar alguna de las condiciones normales que se producirían en un arranque directo.

Como caso más habitual se modifica la intensidad de arranque, consiguiéndose este efecto por una fragmentación en dos, o máximo tres, niveles de la tensión suministrada al motor durante el arranque.

El arranque controlado, es aquel en que las modificaciones de los parámetros característicos del arranque del motor, se ven modificados de forma progresiva y TOTALMENTE CONTROLADA.

4.1. Arranque estrella / triángulo

Sólo es posible utilizar este modo de arranque en motores en los que las dos extremidades de cada uno de los tres devanados estatóricos vuelvan a la placa de bornas.

Por otra parte, el bobinado debe realizarse de manera que el acoplamiento en triángulo corresponda con la tensión de la red: Por ejemplo, en el caso de una red trifásica de 380 V, es preciso utilizar un motor bobinado a 380 V en triángulo y 660 V en estrella.

El principio consiste en arrancar el motor acoplando los devanados en estrella a la tensión de la red, lo que equivale a dividir la tensión nominal del motor en estrella por $\sqrt{3}$ (en el ejemplo anterior, la tensión de la red 380 V = 660 V $/ \sqrt{3}$).

La punta de corriente durante el arranque es: Id = 1,5 a 2,6 In

El par de arranque se reduce, ya que es proporcional al cuadrado de la tensión de alimentación: Cd = 0,2 a 0,5 Cn

Cd = Par de arranque

Cn= Par nominal

La velocidad del motor se estabiliza cuando se equilibran el par del motor y el par resistente, normalmente entre el 75 y 85% de la velocidad nominal. En ese momento, los devanados se acoplan en triángulo y el motor rinde según sus características naturales. Un temporizador se encarga de controlar la transición del acoplamiento en estrella al acoplamiento en triángulo. El cierre del contactor de triángulo se produce con un retardo de 30 a 50 milisegundos tras la apertura del contactor de estrella, lo que evita un cortocircuito entre fases al no poder encontrarse ambos cerrados al mismo tiempo.

La variación de la tensión de alimentación tiene las siguientes consecuencias:

• La corriente de arranque varía proporcionalmente a la tensión de alimentación.

• El par de arranque varía proporcionalmente al cuadrado de la tensión de alimentación.

Ejemplo: Si la tensión se reduce, la corriente y el par, se reducen en la misma proporción.

La corriente que recorre los devanados se interrumpe con la apertura del contactor de estrella y se restablece con el cierre del contactor de triángulo.

El paso al acoplamiento en triángulo va acompañado de una punta de corriente transitoria, tan breve como importante, debida a la fcem del motor.

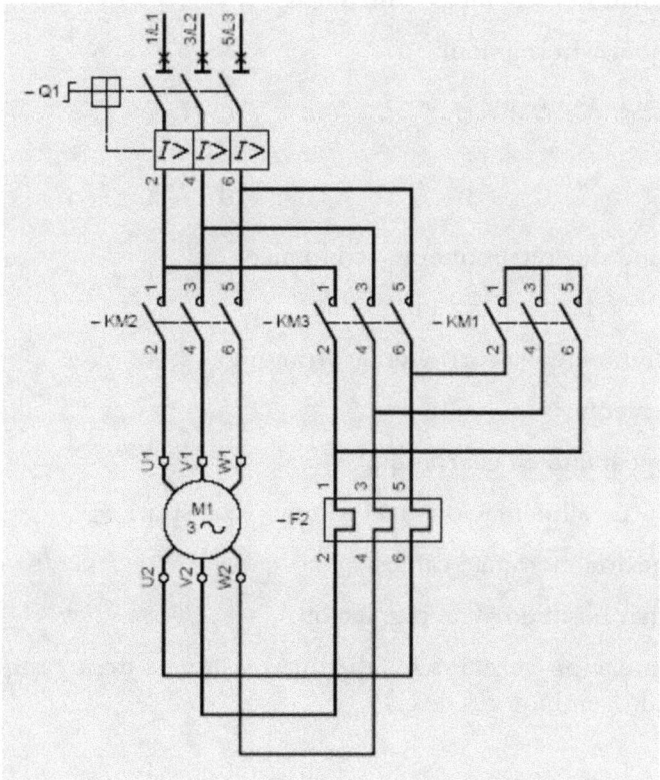

Esquema del arranque estrella / triángulo

149

El arranque estrella-triángulo es apropiado para las máquinas cuyo par resistente es débil o que arrancan en vacío.

Dependiendo del régimen transitorio en el momento del acoplamiento en triángulo, puede ser necesario utilizar una variante que limite los fenómenos transitorios cuando se supera cierta potencia:

- Temporización de 1 a 2 segundos al paso estrella-triángulo.

Esta medida permite disminuir la fcem y, por tanto, la punta de corriente transitoria.

Esta variante sólo puede utilizarse en máquinas cuya inercia sea suficiente para evitar una deceleración excesiva durante la temporización.

Características fundamentales:

- Par inicial de arranque: 0,2 a 0,5 Mn

- Corriente inicial de arranque: 1,3 a 2,6 In

- Duración media del arranque: 3 a 7 seg.

Mn = Par nominal

In = Intensidad nominal

Aplicaciones básicas:

- Máquinas de arrancado en vacio.

- Ventiladores y bombas centrífugas.

- Máquinas-herramienta.

- Máquinas para madera.

- Etc.

Ventajas:

- Arrancador relativamente económico.

- Buena relación par / intensidad.

- Reducción de la corriente de arranque.

Inconvenientes:

- Par pequeño en el arranque.

- Corte de alimentación en el cambio (transitorios).

- Conexión motor a 6 cables.

- No hay posibilidad de regulación.

A continuación veremos los distintos sistemas de arranque directo empleados, en motores de c.a.

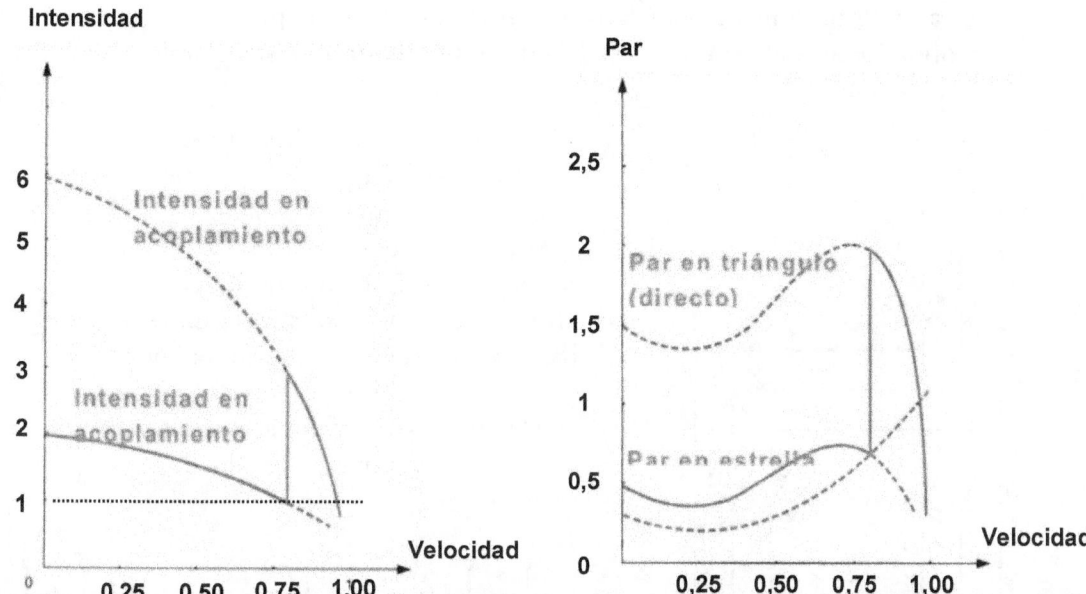

Curvas características del arranque estrella - triángulo

- **Arranque en 3 tiempos: estrella-triángulo + resistencia-triángulo.**

El corte se mantiene, pero la resistencia se pone en serie aproximadamente durante tres segundos con los devanados acoplados en triángulo. Esta medida reduce la punta de corriente transitoria.

- **Arranque en estrella-triángulo + resistencia-triángulo sin corte.**

La resistencia se pone en serie con los devanados inmediatamente antes de la apertura del contactor de estrella. Esta medida evita cualquier corte de corriente y, por tanto, la aparición de fenómenos transitorios.

El uso de estas variantes conlleva la instalación de componentes adicionales y el consiguiente aumento del coste total. En muchos casos, el uso de un arrancador estático es una solución preferible.

4.2. Arranque de motores de devanados partidos "part - winding"

Este tipo de motor está dotado de un devanado estatórico desdoblado en dos devanados paralelos con seis o doce bornas de salida. Equivale a dos "medios motores" de igual potencia.

Durante el arranque, un solo "medio motor" se acopla en directo a plena tensión a la red, lo que divide aproximadamente por dos tanto la corriente de arranque como el par. No obstante, el par es superior al que proporcionaría el arranque estrella-triángulo de un motor de jaula de igual potencia.

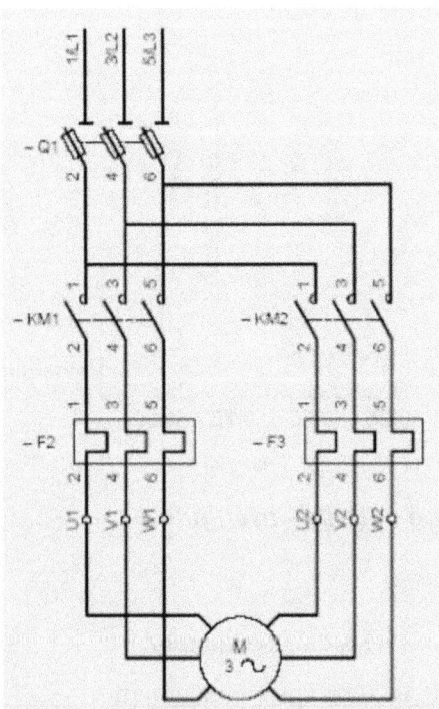

Al finalizar el arranque, el segundo devanado se acopla a la red. En ese momento, la punta de corriente es débil y de corta duración, ya que el motor no se ha separado de la red de alimentación y su deslizamiento ha pasado a ser débil. Este sistema, poco utilizado en Europa, es muy frecuente en el mercado norteamericano (tensión de 230/460 V, relación igual a 2).

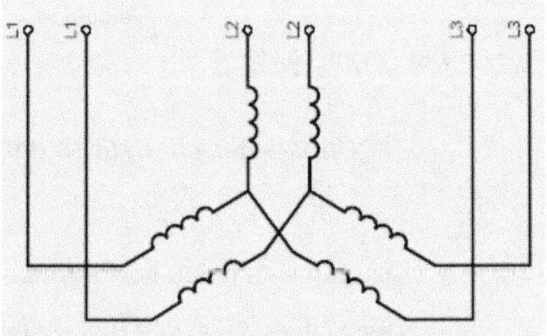

Arranque de un motor de devanados partidos ("part-winding")

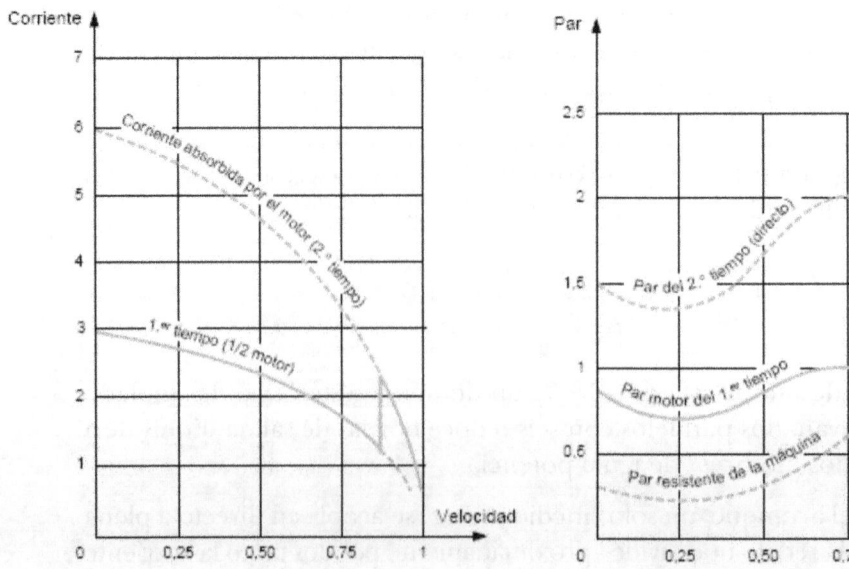

Curva de corriente / velocidad del Arranque de un motor "part-winding"

Curva de par / velocidad del arranque de un motor "part-winding"

4.3. Arranque por resistencias rotóricas / estatóricas

Arranque por resistencias estatóricas:

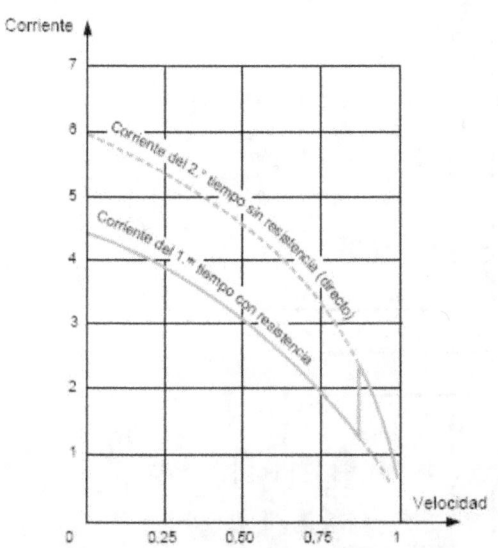

*Curva de corriente / velocidad
en arranque estatórico*

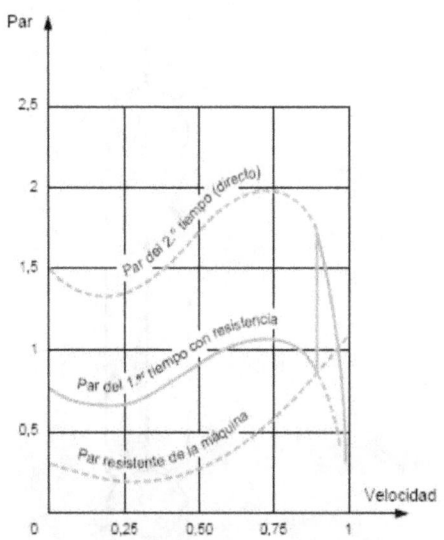

*Curva de par / velocidad
en arranque estatórico*

El principio consiste en arrancar el motor bajo tensión reducida mediante la inserción de resistencias en serie con los devanados.

Una vez estabilizada la velocidad, las resistencias se eliminan y el motor se acopla directamente a la red. Normalmente, se utiliza un temporizador para controlar la operación.

El principio consiste en arrancar el motor bajo tensión reducida mediante la inserción de resistencias en serie con los devanados.

Una vez estabilizada la velocidad, las resistencias se eliminan y el motor se acopla directamente a la red. Normalmente, se utiliza un temporizador para controlar la operación.

Durante este tipo de arranque, el acoplamiento de los devanados del motor no se modifica. Por tanto, no es necesario que las dos extremidades de cada devanado sobresalgan de la placa de bornas.

El valor de la resistencia se calcula en base a la punta de corriente que no se debe superar durante el arranque, o al valor mínimo del par de arranque necesario teniendo en cuenta el par resistente de la máquina accionada.

Generalmente, los valores de corriente y de par de arranque son:

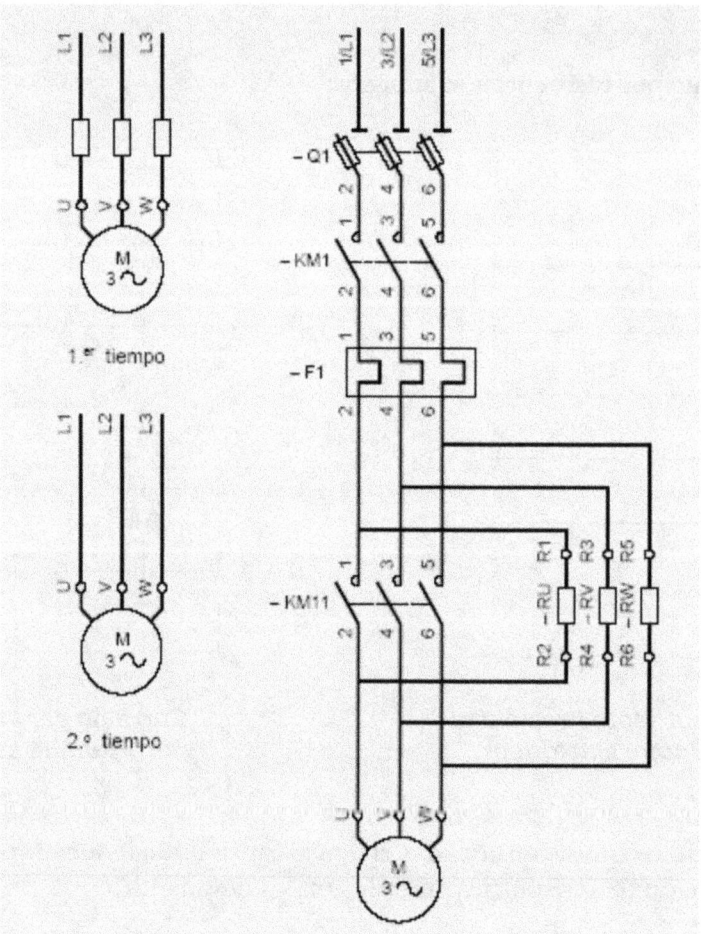

Arranque por resistencias estatóricas

Id = 4,5 In

Cd = 0,75 Cn

Durante la fase de aceleración con las resistencias, la tensión que se aplica a las bornas del motor no es constante. Equivale a la tensión de la red menos la caída de tensión que tiene lugar en la resistencia de arranque.

La caída de tensión es proporcional a la corriente absorbida por el motor. Dado que la corriente disminuye a medida que se acelera el motor, sucede lo mismo con la caída de tensión de la resistencia. Por tanto, la tensión que se aplica a las bornas del motor es mínima en el momento del arranque y aumenta progresivamente.

Dado que el par es proporcional al cuadrado de la tensión de las bornas del motor, aumenta más rápidamente que en el caso del arranque estrella-triángulo, en el que la tensión permanece invariable mientras dura el acoplamiento en estrella.

Este tipo de arranque es, por tanto, apropiado para las máquinas cuyo par resistente crece con la velocidad, por ejemplo los ventiladores.

Su inconveniente consiste en que la punta de corriente es relativamente importante durante el arranque. Sería posible reducirla mediante el aumento del valor de la resistencia, pero esta medida conllevaría una caída de tensión adicional en las bornas del motor y, por tanto, una considerable reducción del par de arranque.

Por el contrario, la eliminación de la resistencia al finalizar el arranque se lleva a cabo sin interrumpir la alimentación del motor y, por tanto, sin fenómenos transitorios.

Características fundamentales:

- Corriente inicial de arranque: 4,5 In

- Par inicial de arranque: 0,6 a 0,85 Mn

- Duración media del arranque: 7 a 12 seg.

Mn = Par nominal

In = Intensidad nominal

Aplicaciones básicas:

- Máquinas de fuerte inercia sin problemas particulares de par ni de intensidad en el arranque:

- Turbinas.

- Centrifugadores.

- Máquinas de elevación.

- Etc.

Ventajas:

- Posibilidad de ajuste de los valores de arranque.

- No hay corte de la alimentación durante el arranque.

- Importante reducción de las puntas de corriente transitorias.

Inconvenientes:

- Pequeña reducción de la punta de arranque.

- Necesita resistencias.

Arranque por resistencias rotóricas:

Un motor de anillos no puede arrancar en directo (devanados rotóricos cortocircuitados) sin provocar puntas de corriente inadmisibles. Es necesario insertar en el circuito rotórico resistencias que se cortocircuiten progresivamente, al tiempo que se alimenta el estator a toda la tensión de red.

El cálculo de la resistencia insertada en cada fase permite determinar con rigor la curva de par-velocidad resultante: Para un par dado, la velocidad es menor cuanto mayor sea la resistencia. Como resultado, la resistencia debe insertarse por completo en el momento del arranque y la plena velocidad se alcanza cuando la resistencia está completamente cortocircuitada.

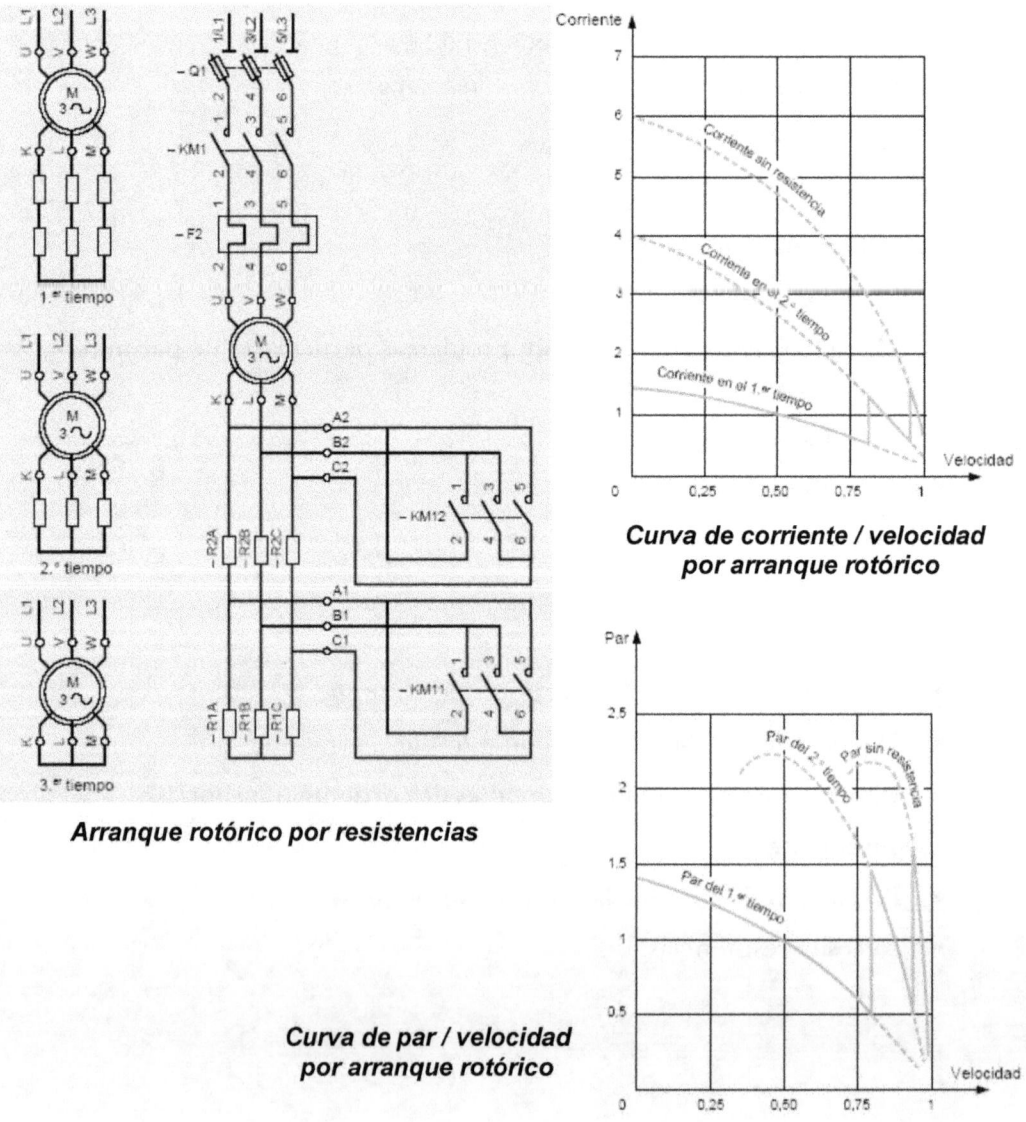

Arranque rotórico por resistencias

**Curva de corriente / velocidad
por arranque rotórico**

**Curva de par / velocidad
por arranque rotórico**

La corriente absorbida es prácticamente proporcional al par que se suministra. Como máximo, es ligeramente superior a este valor teórico.

Por ejemplo, la punta de corriente correspondiente a un par de arranque de 2 Cn es aproximadamente de 2 In. Por tanto, la punta es considerablemente más débil, y el par máximo de arranque más elevado, que en el caso de un motor de jaula, en el que el valor normal se sitúa en torno a 6 In para 1,5 Cn.

El motor de anillos con arranque rotórico se impone, por tanto, en todos los casos en los que las puntas de corriente deben ser débiles y cuando las máquinas deben arrancar a plena carga.

Por lo demás, este tipo de arranque es sumamente flexible, ya que resulta fácil adaptar el número y el aspecto de las curvas que representan los tiempos sucesivos a los requisitos mecánicos o eléctricos (par resistente, valor de aceleración, punta máxima de corriente, etc.).

4.4. Arranque por autotransformador

El motor se alimenta a tensión reducida mediante un autotransformador que, una vez finalizado el arranque, queda fuera del circuito.

El arranque se lleva a cabo en tres tiempos:

- En el primer tiempo, el autotransformador comienza por acoplarse en estrella y, a continuación, el motor se acopla a la red a través de una parte de los devanados del autotransformador.

  El arranque se lleva a cabo a una tensión reducida que se calcula en función de la relación de transformación.

  Generalmente, el transformador está dotado de tomas que permiten seleccionar la relación de transformación y, por tanto, el valor más adecuado de la tensión reducida.

- Antes de pasar al acoplamiento a plena tensión, la estrella se abre. En ese momento, la fracción de bobinado conectada a la red crea una inductancia en serie con el motor. Esta operación se realiza cuando se alcanza la velocidad de equilibro, al final del primer tiempo.

- El acoplamiento a plena tensión interviene a partir del segundo tiempo, normalmente muy corto (una fracción de segundo). Las inductancias en serie con el motor se cortocircuitan y, a continuación, el autotransformador queda fuera del circuito.

La corriente y el par de arranque varían en la misma proporción. Se dividen por (U red / U reducida)2 y se obtienen los valores siguientes:

Id = 1,7 a 4 In

Cd = 0,5 a 0,85 Cn

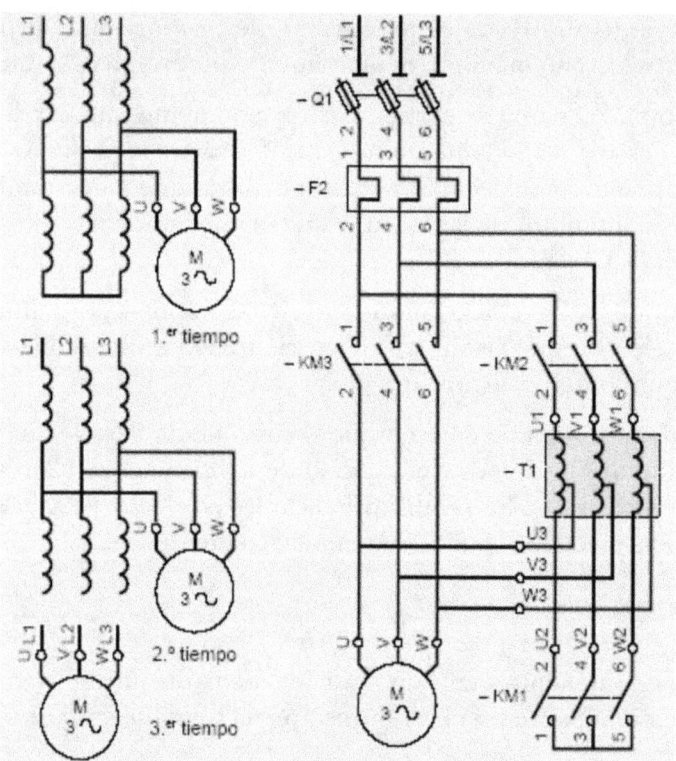

Arranque por autotransformador.

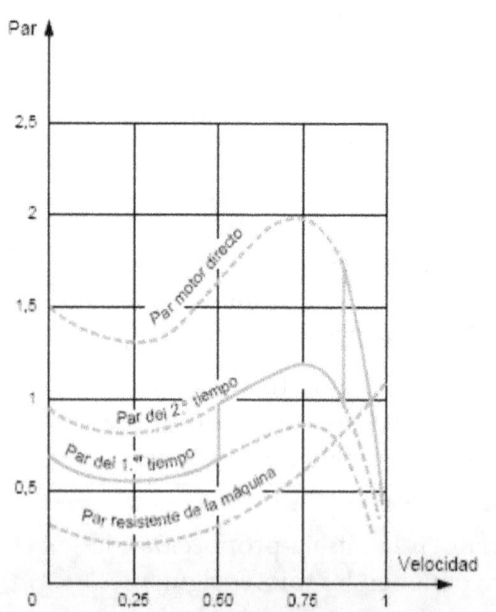

**Curva de corriente / velocidad en
en arranque por autotransformador**

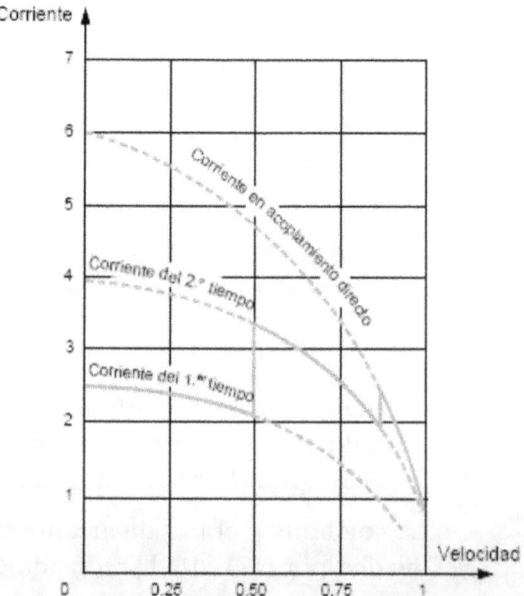

**Curva de par / velocidad en
arranque por autotransformador**

El arranque se lleva a cabo sin interrupción de corriente en el motor, lo que evita que se produzcan fenómenos transitorios.

No obstante, si no se toman ciertas precauciones pueden aparecer fenómenos transitorios de igual naturaleza durante el acoplamiento a plena tensión. De hecho, el valor de la inductancia en serie con el motor tras la apertura de la estrella es importante si se compara con la del motor. Como consecuencia, se produce una caída de tensión considerable que acarrea una punta de corriente transitoria elevada en el momento del acoplamiento a plena tensión. El circuito magnético del autotransformador incluye un entrehierro que disminuye el valor de la inductancia para paliar este problema. Dicho valor se calcula de modo que, al abrirse la estrella en el segundo tiempo, no haya variación de tensión en las bornas del motor.

El entrehierro aumenta la corriente magnetizante del autotransformador. Dicha corriente aumenta la corriente solicitada en la red durante el primer tiempo del arranque.

Este modo de arranque suele utilizarse en los motores con potencia superior a 100 kW. Sin embargo, el precio de los equipos es relativamente alto debido al elevado coste del autotransformador.

Características fundamentales:

- Corriente inicial de arranque: 1,7 a 4 In

- Par inicial de arranque: 0,4 a 0,85 Mn

- Duración media del arranque: 7 a 12 s

Mn = Par nominal

In = Intensidad nominal

Aplicaciones básicas:

- Máquinas de gran potencia o de fuerte inercia en los casos donde la reducción de la punta de intensidad es un criterio importante.

Ventajas:

- Buena relación par / intensidad.

- Posibilidad de ajuste de los valores de arranque.

- No hay corte de la alimentación durante el arranque

Inconvenientes:

- Necesita un autotransformador.

- Dimensiones importantes.

4.5. Arranque por arrancador estático o electrónico

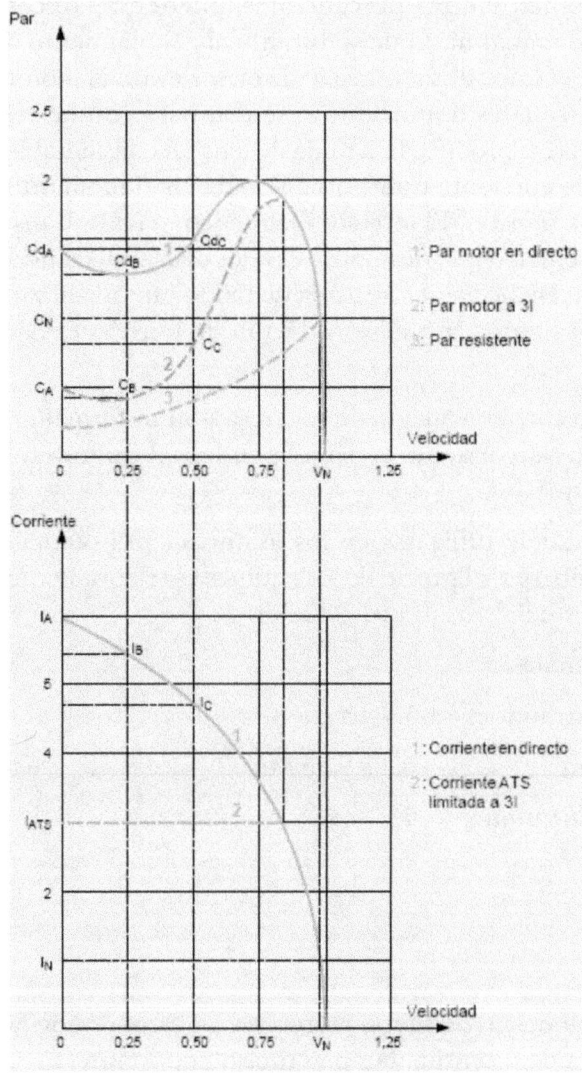

En cada uno de los puntos, el par, de frecuencia fija, es proporcional al cuadrado de la tensión de alimentación: $C = k\,U^2$, o a la relación del cuadrado de las corrientes. Por tanto es posible escribir:

$$C_A = C_{dA}\left(\frac{I_{ATS}}{I_A}\right)^2$$

$$C_B = C_{dB}\left(\frac{I_{ATS}}{I_B}\right)^2$$

$$C_C = C_{dC}\left(\frac{I_{ATS}}{I_C}\right)^2 \dots$$

1: Par motor en directo

2: Par motor a 3I

3: Par resistente

1: Corriente en directo

2: Corriente ATS limitada a 3I

Curvas de corriente / velocidad y par / velocidad en el arrancador electrónico

La alimentación del motor durante la puesta en tensión se realiza mediante una subida progresiva de la tensión, lo que posibilita un arranque sin sacudidas y reduce la punta de corriente. Para obtener este resultado, se utiliza un graduador de tiristores montados en oposición de 2 por 2 en cada fase de la red. La subida progresiva de la tensión de salida puede controlarse por medio de la rampa de aceleración, que depende del valor de la corriente de limitación, o vincularse a ambos parámetros.

Un arrancador ralentizador progresivo es un graduador de 6 tiristores que se utiliza para arrancar y parar de manera controlada los motores trifásicos de jaula.

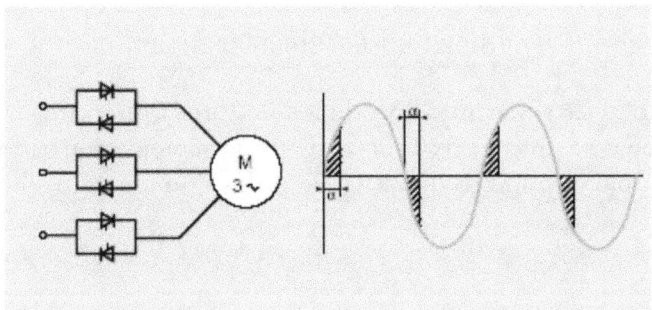

Diagrama de arrancador electrónico

Garantiza:

- El control de las características de funcionamiento, principalmente durante los períodos de arranque y parada.

- La protección térmica del motor y del arrancador.

- La protección mecánica de la máquina accionada, mediante la supresión de las sacudidas de par y la reducción de la corriente solicitada.

La corriente (I_{ATS} en el gráfico anterior de curvas de corriente / velocidad y par / velocidad) puede regularse de 2 a 5 In, lo que proporciona un par de arranque regulable entre 0,1 y 0,7 del par de arranque en directo. Permite arrancar todo tipo de motores asíncronos. Puede cortocircuitarse para arrancar por medio de un contactor y mantener al mismo tiempo el dominio del circuito de control.

A todo ello hay que añadir la posibilidad de:

- Deceleración progresiva.

- Parada ralentizada.

4.6. Arranque por variador de velocidad

Durante mucho tiempo, las posibilidades de regulación de la velocidad de los motores asíncronos han sido muy escasas. En la mayoría de los casos, los motores de jaula se utilizaban a su velocidad nominal. Los únicos motores que disponían de varias velocidades fijas eran los de acoplamiento de polos y los de devanados separados, que todavía se emplean de manera habitual.

Actualmente, los convertidores de frecuencia permiten controlar a velocidad variable los motores de jaula. De este modo, pueden utilizarse en aplicaciones que, hasta hace poco, quedaban reservadas para los motores de corriente continua.

Velocidad de sincronización

La velocidad de sincronización de los motores asíncronos trifásicos es proporcional a la frecuencia de la corriente de alimentación e inversamente proporcional al número de pares de polos que constituyen el estator.

$$N = \frac{60\,f}{p}$$

N: Velocidad de sincronización en r.p.m.

f: Frecuencia en Hz

p: Número de pares de polos.

La siguiente tabla contiene la velocidad de rotación del campo giratorio, o velocidad de sincronización, correspondiente a las frecuencias industriales de 50 Hz y 60 Hz y a la frecuencia de 100 Hz, en base al número de polos.

Número de polos	Velocidad de rotación en rpm		
	50 Hz	60 Hz	100 Hz
2	3000	3600	6000
4	1500	1800	3000
6	1000	1200	2000
8	750	900	1500
10	600	720	1200
12	500	600	1000
16	375	450	750

Estos datos no significan que sea posible aumentar la velocidad de un motor asíncrono alimentándolo a una frecuencia superior a la prevista aunque la tensión esté adaptada. Es conveniente comprobar si su diseño mecánico y eléctrico lo permiten.

Teniendo en cuenta el deslizamiento, las velocidades de rotación en carga de los motores asíncronos son ligeramente inferiores a las velocidades de sincronización que figuran en la tabla.

Durante mucho tiempo, las posibilidades de regulación de la velocidad de los motores asíncronos han sido muy escasas. En la mayoría de los casos, los motores de jaula se utilizaban a su velocidad nominal. Los únicos motores que disponían de varias velocidades fijas eran los de acoplamiento de polos y los de devanados separados, que todavía se emplean de manera habitual. Actualmente, los convertidores de frecuencia permiten controlar a velocidad variable los motores de jaula. De este modo, pueden utilizarse en aplicaciones que, hasta hace poco, quedaban reservadas para los motores de corriente continua.

MOTORES DE JAULA

La velocidad de un motor de jaula, según se ha descrito anteriormente, depende de la frecuencia de la red de alimentación y del número de pares de polos. Por consiguiente, es posible obtener un motor de dos o varias velocidades mediante la creación de combinaciones de bobinados en el estator que correspondan a distintos números de polos.

Motores de acoplamiento de polos:

Este tipo de motores sólo permite relaciones de velocidad de 1 a 2 (4 y 8 polos, 6 y 12 polos, etc.). Consta de seis bornas.

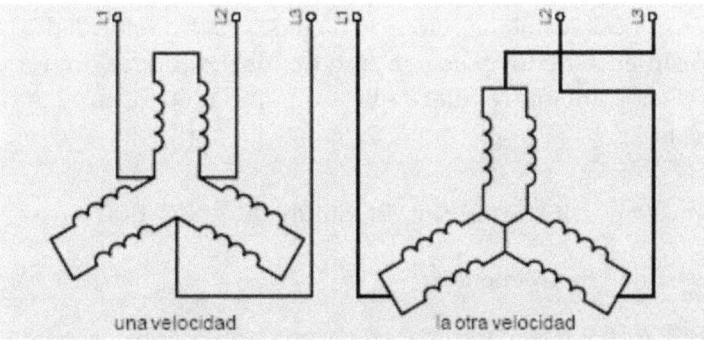

una velocidad   *la otra velocidad*

Motor de acoplamiento de polos

Dependiendo de sus características, los motores pueden ser de potencia constante, par constante o par y potencia variables.

Para una de las velocidades, la red se conecta a las tres bornas correspondientes. Para la segunda, dichas bornas están conectadas entre sí y la red se conecta a las otras tres.

Normalmente el arranque se realiza de manera directa, tanto a alta como a baja velocidad.

En ciertos casos, si las condiciones de uso lo requieren y el motor lo permite, el dispositivo de arranque pasa automáticamente a baja velocidad antes de activar la alta velocidad o antes de la parada.

Dependiendo de las corrientes absorbidas durante los acoplamientos a Baja Velocidad o Alta Velocidad, uno o dos relés térmicos pueden encargarse de la protección.

Generalmente, el rendimiento de este tipo de motores es poco elevado y su factor de potencia, bastante débil. Cuando es necesario que varios motores de este tipo funcionen de manera conjunta, se desaconseja su conexión en paralelo.

De hecho, aunque los motores sean de idéntica potencia y fabricación, se producen circulaciones de corriente que los relés de protección no pueden asimilar correctamente.

Motores de devanados estatóricos separados

Estos motores, que constan de dos devanados estatóricos eléctricamente independientes, permiten obtener cualquier relación de dos velocidades. Dado que los devanados para baja velocidad (BV) deben soportar las restricciones mecánicas y eléctricas derivadas del funcionamiento del motor a alta velocidad (AV), sus características eléctricas dependen de ello. En ocasiones, un determinado motor funcionando a BV puede absorber una corriente superior que cuando lo hace a AV.

También es posible obtener motores de tres o cuatro velocidades mediante el acoplamiento de los polos en uno de los devanados estatóricos o en ambos. Esta solución requiere que los bobinados dispongan de tomas adicionales.

Sistemas de variación de velocidad

El convertidor de frecuencia:

Principio:

El objetivo del convertidor de frecuencia consiste en alimentar los motores asíncronos trifásicos de jaula.

Se basa en un principio similar a la técnica **PWM** (1). Garantiza la rotación regular y libre de sacudidas de las máquinas, incluso a baja velocidad, gracias a una forma de corriente de salida muy próxima a la sinusoide.

Descripción del funcionamiento:

El puente rectificador y los condensadores de filtrado convierten la tensión alterna monofásica o trifásica de la red en tensión continua. A continuación, un puente ondulador de transistores conmuta la tensión continua para generar una serie de impulsos de anchura variable.

El ajuste de la anchura de los impulsos y de su repetición permite regular la tensión y la frecuencia de alimentación del motor para mantener una relación U/f constante y, por tanto, el flujo deseado en el motor. La inductancia del motor realiza el alisado de la corriente (consulte el esquema siguiente).

El control de la modulación se lleva a cabo por medio de un microprocesador y un **ASIC** (2). La modulación depende de las tensiones y las frecuencias, por tanto, de las velocidades solicitadas en la salida.

(1) **PWM**: Modulación de anchura de los impulsos según una ley sinus. PWM "sinus", en inglés: Pulses Width Modulation "sinus".

(2) **ASIC**: Application Specific Integrated Circuit, circuito integrado de aplicación específica.

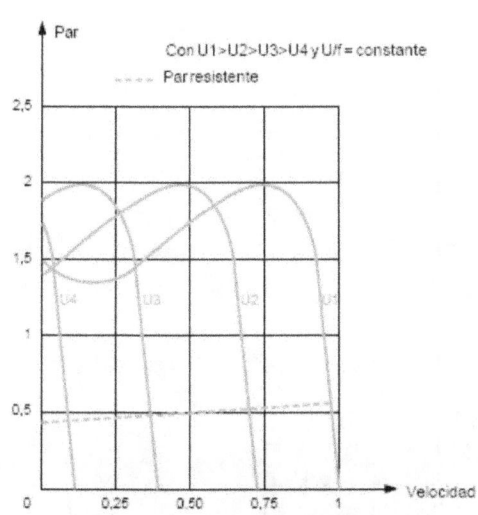

Curva de par / velocidad del arranque con convertidor de frecuencia

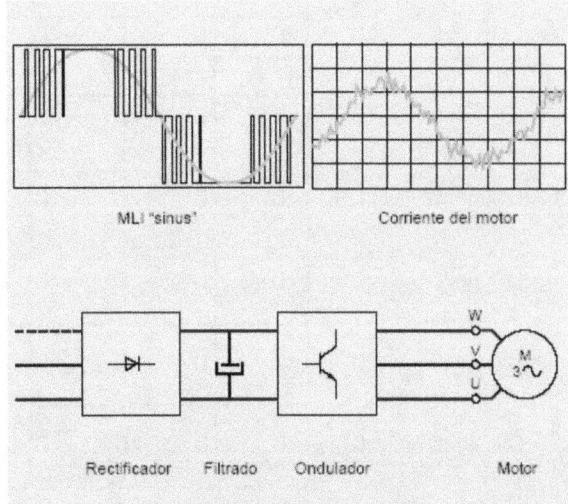

Esquema de base de un convertidor de frecuencia

Los convertidores de frecuencia son muy fáciles de utilizar para alimentar un motor de jaula estándar. El par que se obtiene permite accionar todo tipo de máquinas, incluyendo las de fuerte par resistente.

En caso de par de arrastre, existe una opción que permite el funcionamiento en los cuatro cuadrantes.

El convertidor de frecuencia hace posible que el motor funcione en ambos sentidos de la marcha y permite la opción de frenado. La frecuencia de salida puede ser superior a la de alimentación.

El variador también se utiliza como arrancador o ralentizador para la puesta en marcha y la parada progresiva adaptada a una rampa. Integra la protección térmica del motor.

El diálogo con el operador se simplifica gracias a los diodos electroluminiscentes, los visualizadores de 7 segmentos, las consolas de puesta en servicio y la posibilidad de interconexión con un microordenador de tipo PC. El diálogo con los automatismos puede realizarse por medio de un enlace serie o de un bus multipunto.

El variador de tensión:

Esta solución tiende a desaparecer como resultado de los avances conseguidos por los convertidores de frecuencia.

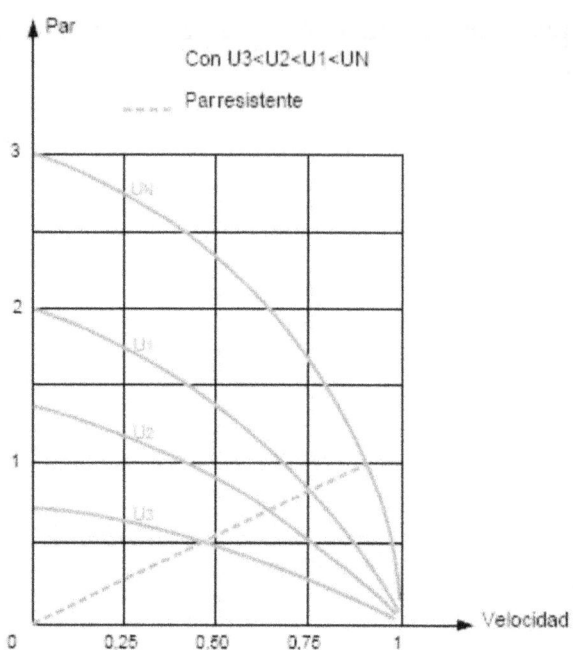

Curva par/velocidad del arranque con variador de tensión

El par que suministra un motor asíncrono es proporcional al cuadrado de la tensión de alimentación. El principio de funcionamiento consiste en reducir el par resistente a la velocidad deseada. La modulación de tensión se obtiene mediante la variación del ángulo de encendido de dos tiristores montados en oposición en cada fase del motor.

Este sistema de variadores de tensión se utiliza principalmente para variar la velocidad de los pequeños ventiladores. Durante el deslizamiento del motor, las pérdidas en el rotor son proporcionales al par resistente e inversamente proporcionales a la velocidad. Por tanto, el motor debe tener capacidad para disipar estas pérdidas y no debe presentar puntos de inflexión que desestabilizarían la velocidad.

Normalmente, los pequeños motores de hasta 3 kW cumplen estas condiciones. Además, hace falta un motor de jaula resistente, motoventilado en caso de que trabaje a baja velocidad.

Es posible utilizar este variador como arrancador para las máquinas con pares resistentes débiles.

Otros sistemas electromecánicos:

Los sistemas electromecánicos de regulación de velocidad se utilizan con menor frecuencia desde la generalización de los variadores de velocidad electrónicos. Se citan a continuación a título informativo.

Motores de corriente alterna con colector (Schrage):

Se trata de motores especiales. La variación de velocidad se obtiene modificando la posición de las escobillas del colector con respecto a la línea neutra.

Grupo Ward Léonard:

Consta de un motor de arranque y de un generador de corriente continua de excitación variable. Alimenta motores de colector o de corriente continua. La excitación se regula mediante un dispositivo electromecánico o un sistema estático electrónico.

4.7. Otros tipos de motores

Los motores asíncronos monofásicos

El motor asíncrono monofásico, aunque menos utilizado en la industria que su homólogo trifásico, representa una parte de aplicaciones nada despreciables en pequeñas potencias que utilizan una red monofásica de 220 V.

A igualdad de potencias, tienen la ventaja de ser menos voluminosos que los motores trifásicos.

Los motores monofásicos de algunas decenas de KW, son de utilización muy corriente en EE. UU.

Constitución:

Los motores monofásicos, están constituidos, al igual que los trifásicos, por un estator y un rotor.

- Estator:

  Está constituido por un número par de polos, y sus bobinas están conectadas a la tensión de alimentación.

- Rotor:

  Es de idénticas características que el del motor trifásico.

Principio de funcionamiento:

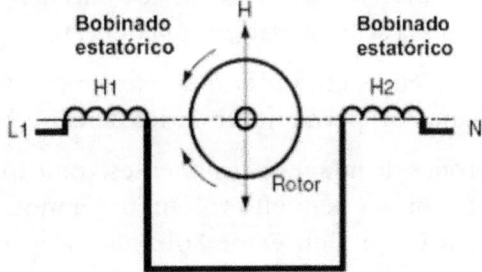

*Principio de funcionamiento de un
motor asíncrono monofásico*

Consideremos un estator con las dos bobinas conectadas a la tensión de alimentación $L_1 - N$.

La corriente alterna monofásica engendra en el rotor un campo magnético alterno H, que es el resultado de la superposición de dos campos magnéticos giratorios H_1 y H_2, del mismo valor y sentidos contrarios.

En el arranque, el estator alimenta los dos campos con el mismo deslizamiento y en sentido opuesto; por lo que el motor no puede girar.

Con el fin de resolver este problema, un segundo bobinado, decalado 90° es insertado en el estator. Esta fase auxiliar es alimentada con un elemento de defasaje: Condensador o inductancia. Una vez el motor ha arrancado, la fase auxiliar puede ser eliminada.

Los motores trifásicos pueden, así mismo, funcionar con corrientes monofásicas, insertando un condensador, en serie o en paralelo, en la fase no utilizada.

Los motores trifásicos pueden, así mismo, funcionar con corrientes monofásicas, insertando un condensador, en serie o en paralelo, en la fase no utilizada.

Los motores síncronos

Constitución:

Al igual que los asíncronos, se componen de un estator y un rotor separados por el entrehierro.

Se diferencian por el hecho de que el flujo magnético no es debido a una corriente estatórica, si no que es creado, o bien por los imanes permanentes del rotor, o por la corriente inducida producida por una c.c. exterior que alimenta una bobina rotórica.

- Estator:

  Consta de una carcasa y un circuito magnético, generalmente constituido de planchas de acero / silicio y de un bobinado trifásico, análogo al del motor asíncrono, alimentado por una corriente alterna trifásica para producir el campo giratorio.

- Rotor:

  Este, consta de los imanes o las bobinas de excitación de c.c. que crean los polos N y S intercalados.

  En los motores síncronos, a diferencia de los asíncronos, el rotor gira sin deslizamiento, a la velocidad propia del campo giratorio.

Por lo expuesto podemos entender que existen dos tipos de motores síncronos: Los de imanes permanentes, y los de rotor bobinado.

Los motores síncronos de imanes permanentes, son capaces de producir un campo elevado con un pequeño volumen del motor, al tiempo que soportar importantes corrientes de sobrecarga lo que les permite aceleraciones muy rápidas.

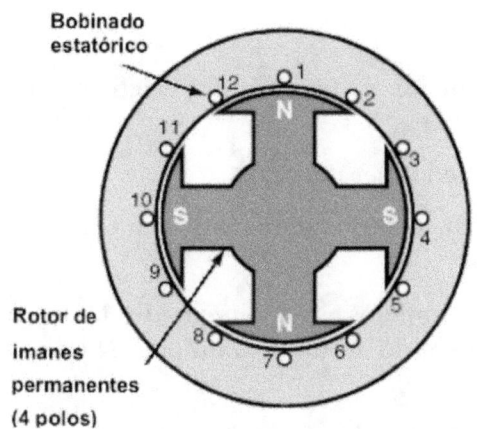

Motor de imanes permanentes

Normalmente estos motores se asocian a variadores de velocidad para aplicaciones específicas como los robots o las máquinas - herramienta.

Los motores síncronos de rotor bobinado, son reversibles y pueden funcionar como alternadores o como motores.

Características de funcionamiento:

Ante una red a tensión y frecuencia constante, tienen las siguientes ventajosas particularidades:

- Velocidad constante, independientemente de la carga.

- Puede minimizar la potencia reactiva y, como consecuencia, mejorar el factor de potencia de una instalación.

- Soporta picos de tensión relativamente importantes: Del orden del 50% en razón de sus posibilidades de sobrexcitación.

No obstante, ante una red a tensión y frecuencia constante, tienen dos inconvenientes:

- La dificultad de arranque.

- El hecho que pueda "colgarse" si el acoplamiento resistivo supera el electromagnético máximo. En este caso se debe reiniciar el proceso de arranque.

Otros tipos de motores síncronos

- **Motores lineales**

De estructura idéntica a la de los motores rotativos, están compuestos de un estator (plataforma) y un rotor (vástago) que se desplaza en línea.

- **Motores asíncronos sincronizados**

Son motores de inducción, que en el momento del arranque funcionan en modo asíncrono y cuando llegan a una velocidad próxima a la de sincronismo, pasan a modo síncrono. Si la carga mecánica es importante, estos motores no pueden pasar a modo síncrono y actúan como asíncronos.

- **Los motores paso a paso**

Son unos motores que giran en función de los impulsos eléctricos que alimentan sus bobinas.

Según la alimentación eléctrica pueden ser del tipo:

- Unipolar: Si los bobinados están siempre alimentados en el mismo sentido por una tensión única.

- Bipolar: Aquellos en que sus bobinados están alimentados tanto en un sentido como en el otro, creando en un caso un polo N y en el otro un polo S.

Los motores paso a paso, pueden ser de reluctancia variable, de imanes permanentes o una combinación de ambos.

Tipo	Bipolar de imán permanente	Unipolar de reluctancia variable	Bipolar híbrido
Características	2 fases, 4 hilos	4 fases, 8 hilos	2 fases, 4 hilos
Nº pasos/vuelta	8	24	12
Etapas de funcionamiento			
Paso 1			
Estado intermedio			
Paso 1	45°	15°	30°

Los tres tipos de motor paso a paso

El ángulo de rotación mínimo entre dos impulsos eléctricos, se denomina paso. Una de las características del motor es el número de pasos por vuelta. Los valores más corrientes son: 48, 100 o 200 pasos por vuelta.

La rotación del motor se produce de manera discontinua. Para mejorar la resolución, este número de pasos se puede aumentar de forma totalmente electrónica (funcionamiento en micropasos).

Al hacer variar por escalones la corriente en las bobinas, se crea un campo resultante que se desplaza de un paso al otro, que tiene como consecuencia la reducción efectiva del paso.

Los circuitos por micropasos multiplican por 500 el número de pasos del motor, que pasa así, por ejemplo de 200 a 100.000 pasos.

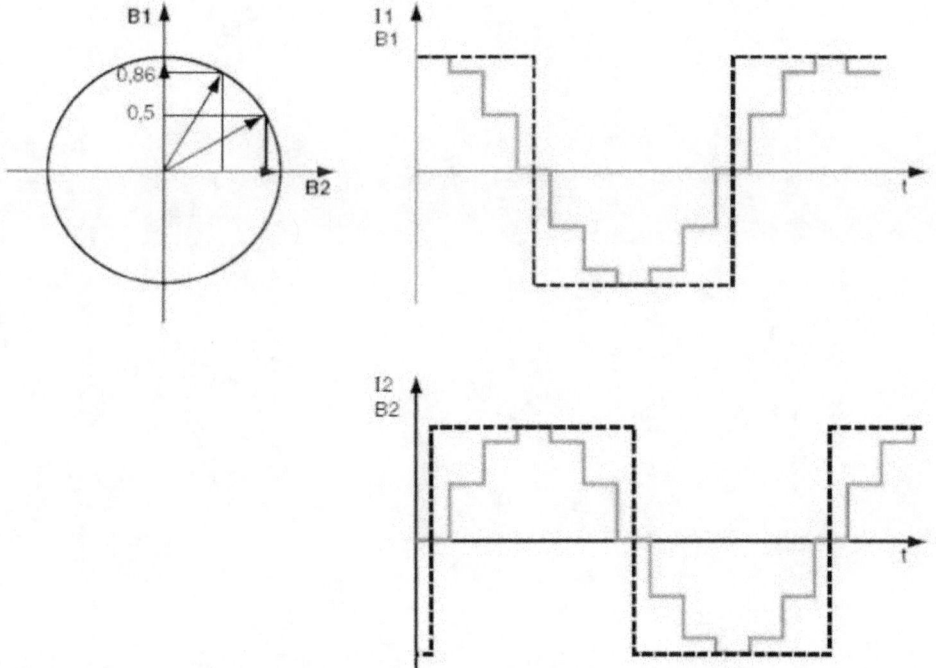

Escalones de corriente aplicados a las bobinas de un motor paso a paso para reducir el paso

Industrialmente, estos motores, alimentados normalmente en bajas tensiones, con potencias por debajo del KW, se utilizan en aplicaciones de posicionamiento. La simplicidad de esta solución la convierten en una opción particularmente económica.

4.8. Consideraciones finales

Al hablar de los diferentes tipos de motores y de sus sistemas de arranque, nos hemos referido fundamentalmente a los motores de c.a., asíncronos, trifásicos, por ser los mas utilizados en la industria actual, aunque en el apartado anterior hemos reseñado brevemente los diferentes tipos, más significativos, existentes.

5. LOS SISTEMAS DE INVERSIÓN EN LOS MOTORES DE C.C. Y C.A.

En el presente capítulo, vamos a considerar los diferentes sistemas, actualmente utilizados, para conseguir el cambio en el sentido de giro de los motores de c.c. y/o c.a.

Nos referiremos, única y exclusivamente, al concepto de inversión de sentido de giro, ya que el resto de conceptos: Arranque, regulación, protección, control, etc., los hemos visto o veremos en otros capítulos.

5.1. La inversión clásica en c.c.

En los motores de c.c., dado que disponemos de una alimentación con polaridad definida y constante: Polo positivo (+) y polo negativo (-), y conocemos del hecho que la creación del campo magnético generado por la circulación de corriente, origina un determinado sentido de rotación (Ley de Laplace), la inversión del sentido de giro la conseguiremos con la simple inversión de la polaridad conectada al motor.

En los motores de c.c. más utilizados, lo dicho anteriormente, según ya se expuso en el capítulo de motores de c.c., lo concretaríamos de la siguiente forma:

De excitación paralelo:

- Los bobinados inducido e inductor se conectan en paralelo.

- La inversión del sentido de rotación se obtiene generalmente por inversión de la tensión del inducido.

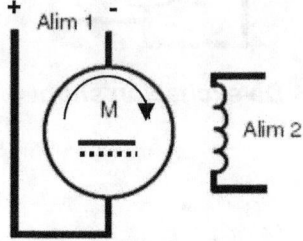

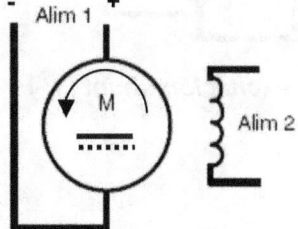

Excitación en paralelo (+/-)   *Excitación en paralelo (-/+)*

De excitación serie:

- La construcción de este motor es similar a la del motor de excitación separada.

  El bobinado inductor se conecta en serie al inducido, lo que da origen a su nombre.

173

- La inversión del sentido de rotación se obtiene indistintamente por inversión de las polaridades del inducido o del inductor.

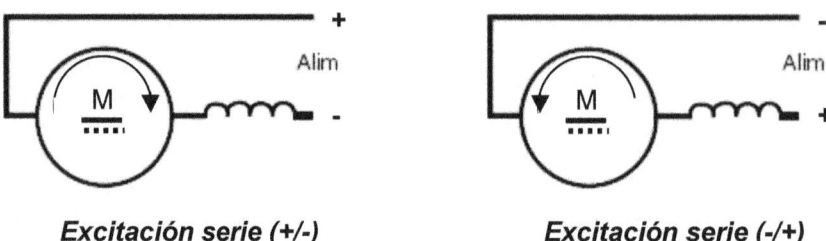

Excitación serie (+/-)   **Excitación serie (-/+)**

De excitación shunt:

- Los bobinados del inducido y del inductor, están alimentados por circuitos independientes, por cuestiones de adaptación o características de la máquina (por ejemplo: tensión del inducido = 400 V y tensión del inductor = 180 V).

- La inversión del sentido de rotación, normalmente, se obtiene por la inversión de la polaridad del inducido, por disponer, en este caso, de constantes de tiempo más reducidas.

La mayoría de motores de cc con variador bidireccional, trabajan en este sistema.

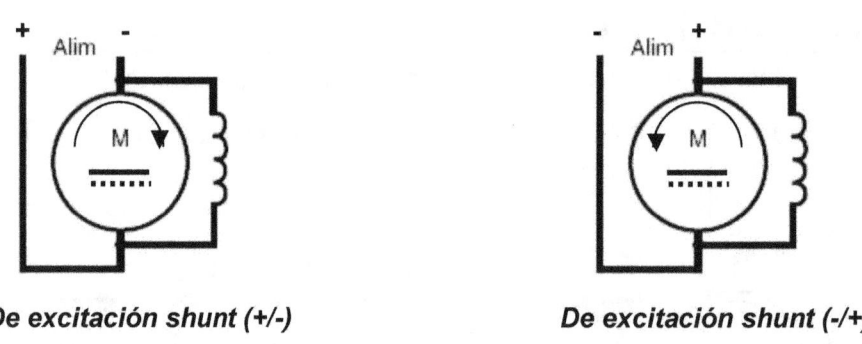

De excitación shunt (+/-)   **De excitación shunt (-/+)**

5.2. La inversión clásica en c.a.

La inversión de sentido de giro en los motores de c.a., se realiza por el cambio en el orden de suministro de las fases de corriente.

En el caso más genérico de un motor trifásico, alimentando con las fases L1, L2, L3, conectadas ordenadamente a sus bornes, debe girar a derechas, mirando desde el lado del acoplamiento.

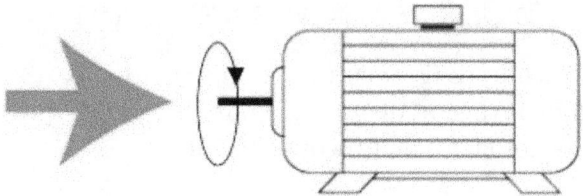

Sentido de giro de un motor de c.a.

Por lo expuesto, para invertir el sentido de giro, bastará con alimentar con las fases en cualquier otro orden, por ejemplo: L3, L2, L1.

Normalmente esto lo podremos realizar, bien con la ayuda de un conmutador, o de un contactor.

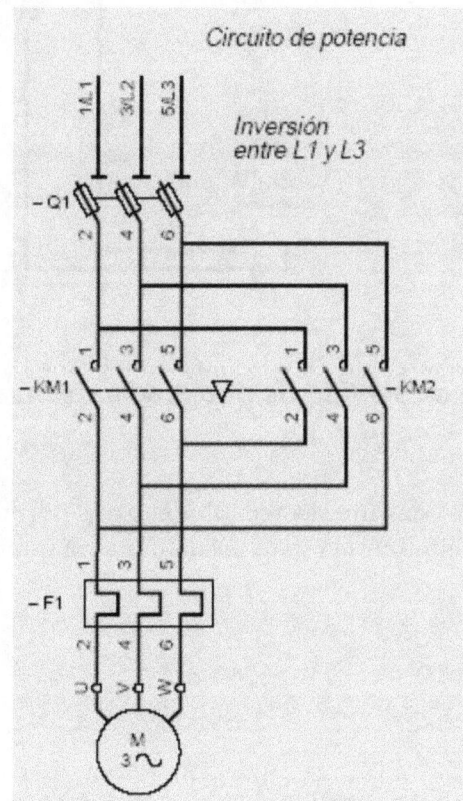

Inversión de sentido de giro mediante contactores

5.3. Arrancadores compactos

Actualmente, los nuevos sistemas nos permiten, no utilizar 2 contactores para la acción de inversión de giro, sino un dispositivo que lo que hace es conmutar los contactos de un contactor único.

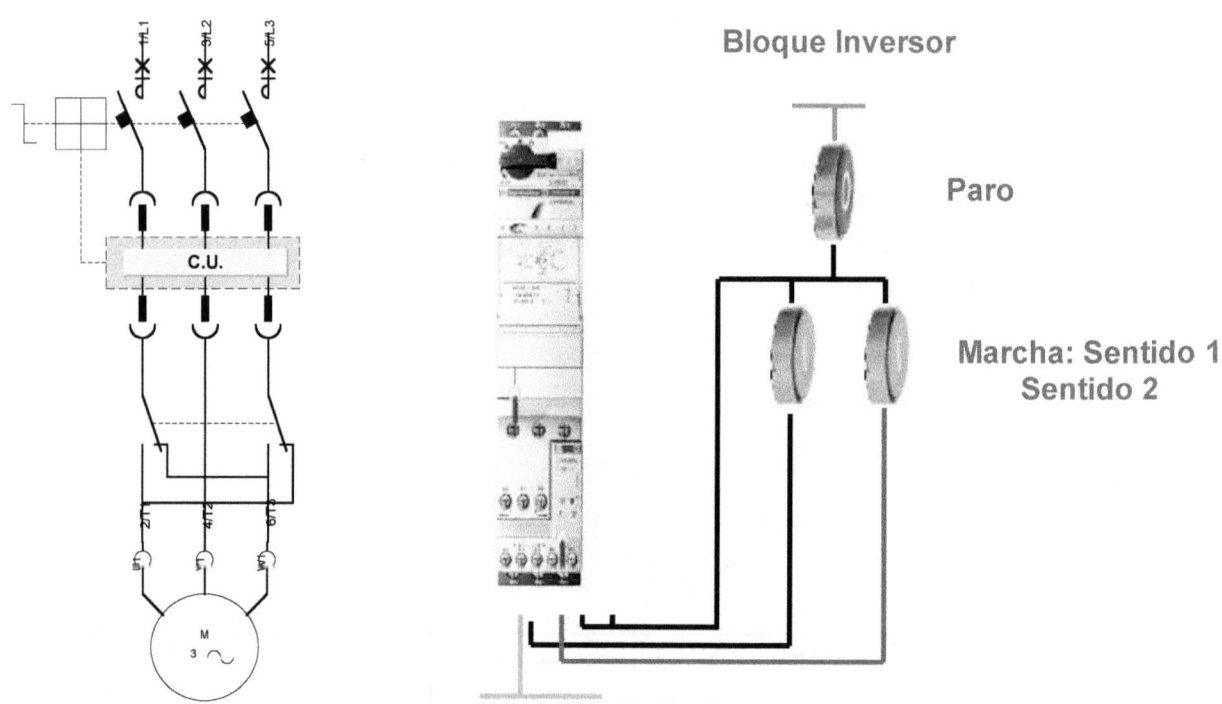

Inversión de sentido de giro mediante inversor "Tesis U"

La utilización de estas nuevas tecnologías, nos permite: Simplificar el conexionado, minimizar el espacio, facilitar el mantenimiento, ahorrar costos, etc.

6. GENERALIDADES SOBRE LA REGULACIÓN EN LAS MÁQUINAS ELÉCTRICAS (MOTORES)

Como ya hemos comentado en capítulos anteriores, los motores asíncronos trifásicos de jaula de ardilla se encuentran entre los más utilizados para el accionamiento de máquinas; su uso se impone en la mayoría de las aplicaciones debido a las ventajas que conllevan: robustez, sencillez de mantenimiento, facilidad de instalación, bajo coste, etc.; por este motivo, una vez más, en este capítulo vamos a referirnos fundamentalmente a ellos.

En cuanto nos enfrentemos a la necesidad de regular: el arranque, la velocidad o el frenado de un motor, podremos recurrir, básicamente, a los siguientes sistemas:

- El arrancador electrónico.

- El variador de velocidad.

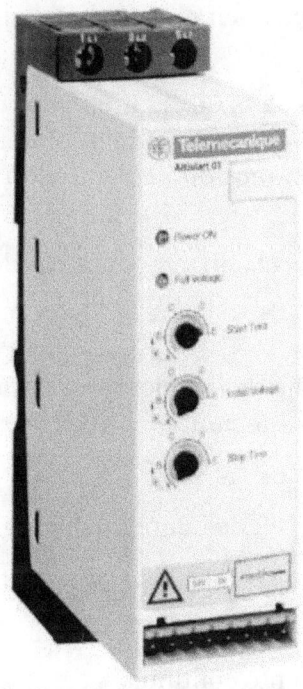

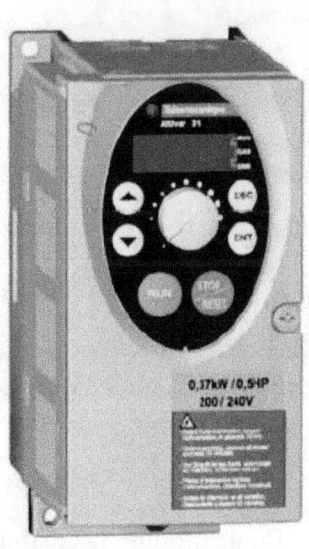

Arrancador electrónico   *Variador de velocidad*

6.1. El arrancador electrónico

El arrancador electrónico, está basado el principio del regulador de tensión para motores asíncronos.

Un regulador de tensión puede alimentar, bajo tensión variable y frecuencia fija, distintos tipos de receptores: alumbrado, calefacción, motores, etc.

En lo referente al control de motores, el regulador de tensión se utiliza como arrancador-ralentizador progresivo en motores asíncronos de jaula de ardilla.

Arrancador-ralentizador progresivo: Arrancador electrónico

El regulador de tensión es un excelente arrancador para aquellos casos en los que no es necesario un par de arranque elevado (el par es proporcional al cuadrado de la tensión: $C = kU2$). En caso de ser necesario, es posible aumentar este par mediante el uso de motores dotados de una jaula adicional para el arranque (motores de doble jaula).

El arrancador electrónico lleva a cabo la aceleración y deceleración progresivas de los motores asíncronos de jaula sin sacudidas, picos de corriente ni caídas de tensión excesivas, incluso en el caso de fuertes inercias.

Su circuito de potencia incluye, normalmente, 2 tiristores montados en oposición por cada una de las fases. La variación de tensión se obtiene por medio de la variación del tiempo de conducción de los tiristores durante cada semiperíodo.

Cuanto mayor es el retraso del momento y de cebado, menor es el valor de la tensión resultante. Y todo esto siguiendo un algoritmo de control de par.

El cebado de los tiristores se gestiona por medio de un microprocesador que, además, suele llevar a cabo las siguientes funciones:

– Control del par.

– Control de las rampas de aceleración y deceleración regulables.

– Limitación de la corriente regulable.

– Sobrepar de despegue.

– Control de frenado por impulsos de corriente continua.

– Protección del variador contra sobrecargas.

– Protección del motor contra los calentamientos causados por las sobrecargas o arranques demasiado frecuentes.

– Detección de desequilibrio o ausencia de las fases y de defectos de los tiristores.

Actualmente, también es frecuente que un panel de control permita visualizar los distintos parámetros de funcionamiento y facilite la puesta en servicio, la explotación y el mantenimiento.

Los actuales arrancadores electrónicos permiten controlar el arranque y el ralentizamiento de:

– Un solo motor.

– Varios motores, simultáneamente, dentro del límite de su calibre.

– Varios motores sucesivamente, por conmutación. En régimen estable, cada motor se alimenta directamente desde la red a través de un contactor.

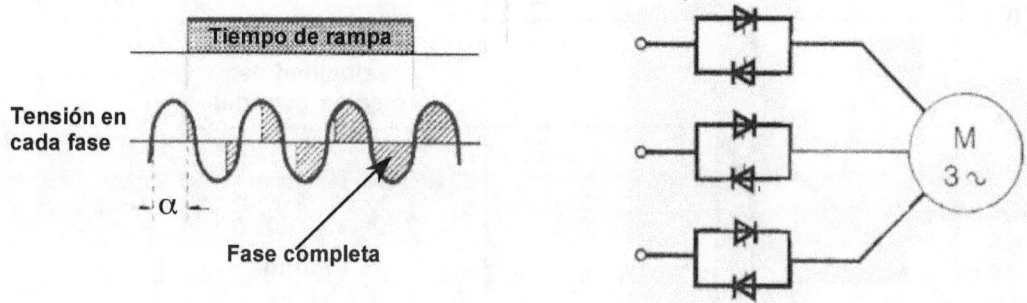

Comportamiento del arrancador estático o electrónico

Propiedades:

• La orden de marcha produce el cebado de los tiristores con un ángulo de retardo .

• Durante el tiempo de rampa el retardo se va reduciendo.

• Al final del tiempo de rampa el retardo es cero, llegando toda la tensión a bornas del motor.

Características:

- Par inicial de arranque: Regulable.

- Corriente inicial de arranque: Regulable.

- Duración media del arranque: Regulable.

Ventajas:

- Arranque suave y parada ralentizada.

- Ajuste en la puesta en servicio.

- Solución compacta.

- Tecnología estática.

Inconvenientes:

- Precio.

- No frena.

- Tiempo parada ralentizada mayor que rueda libre.

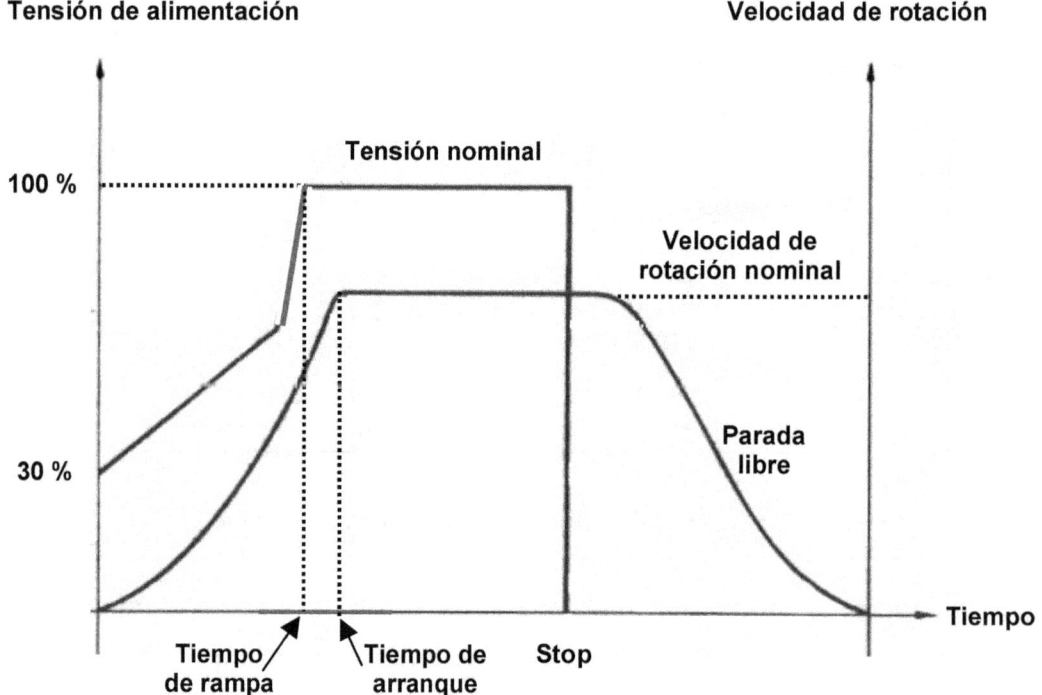

Curva de funcionamiento del arranque electrónico

Aplicaciones:

- Bombas, ventiladores, compresores.

- Cintas transportadoras.

- Manejo de productos frágiles.

- Transmisiones a correas, a cadena, etc.

6.2. El variador de velocidad

Principales funciones de los variadores de velocidad electrónicos

Aceleración controlada

La aceleración del motor se controla por medio de una rampa de aceleración lineal o en forma de S. Generalmente, la rampa puede regularse y, por tanto, permite variar el tiempo de aceleración.

Variación de velocidad

Un variador de velocidad puede no ser al mismo tiempo un regulador. En este caso, se trata de un sistema dotado de un control con amplificación de potencia pero sin bucle de retorno. Se denomina "sistema en lazo abierto".

La velocidad del motor queda determinada por una magnitud de entrada (tensión o corriente) denominada consigna o referencia. Para un valor dado de la consigna, la velocidad puede variar en función de las perturbaciones (variaciones de la tensión de alimentación, de la carga o de la temperatura). El rango de velocidad se expresa en función de la velocidad nominal.

Regulación de la velocidad

Un regulador de velocidad es un variador con seguimiento de velocidad. Dispone de un sistema de control con amplificación de potencia y bucle de retorno. Se denomina "sistema en lazo cerrado".

La velocidad del motor queda determinada por una consigna, cuyo valor se compara permanentemente a una señal de retorno que representa la velocidad del motor. Generalmente, la señal procede de un generador tacométrico o de un generador de impulsos montado en el extremo del eje del motor.

Si se detecta una desviación como consecuencia de la variación de la velocidad, el valor de la consigna se corrige automáticamente para ajustar la velocidad a su valor inicial.

La regulación permite que la velocidad sea prácticamente insensible a las perturbaciones.

Generalmente, la precisión de un regulador se expresa en % del valor nominal de la magnitud regulada.

Deceleración controlada

Cuando se corta la alimentación de un motor, su deceleración se debe únicamente al par resistente de la máquina (deceleración natural). Los arrancadores y variadores electrónicos permiten controlar la deceleración por medio de una rampa lineal o en forma de S, que suele ser independiente de la rampa de aceleración. Es posible regular la rampa para que el tiempo de transición entre la velocidad en régimen estable y una velocidad intermedia o nula sea:

- Inferior al tiempo de deceleración natural:

  El motor debe desarrollar un par resistente que se añade al par resistente de la máquina.

- Superior al tiempo de deceleración natural:

  El motor debe desarrollar un par motor inferior al par resistente de la máquina.

Inversión del sentido de marcha

Puede controlarse a velocidad nula después de la deceleración sin frenado eléctrico, o con frenado eléctrico, para que la deceleración y la inversión sean rápidas.

Protección integrada

Generalmente, los variadores modernos garantizan tanto la protección térmica de los motores como la suya propia. Un microprocesador utiliza la medida de la corriente para calcular el aumento de la temperatura del motor. En caso de recalentamiento excesivo, genera una señal de alarma o de fallo.

Por otra parte, los variadores, especialmente los convertidores de frecuencia, suelen incluir protección contra:

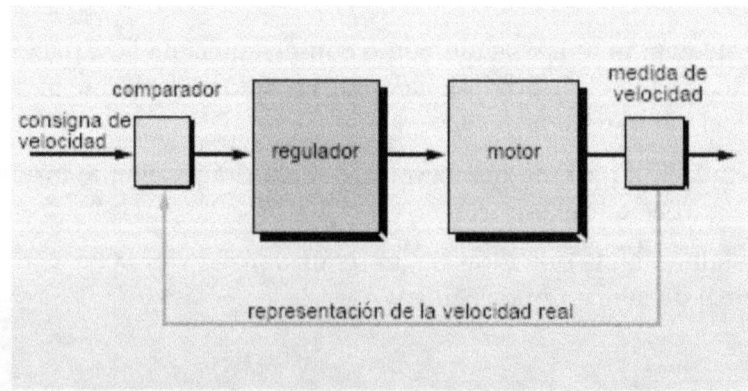

Principio de la regulación de velocidad

- Cortocircuitos entre fases y entre fase y tierra.

- Sobretensiones y caídas de tensión.

- Desequilibrios de fases.

- Funcionamiento monofásico.

Composición de los variadores de velocidad electrónicos

Los variadores de velocidad electrónicos constan de dos módulos, normalmente integrados en una misma envolvente:

- Un módulo de control, que gestiona el funcionamiento del aparato.

- Un módulo de potencia, que suministra energía eléctrica al motor.

El módulo de control

Todas las funciones de los variadores y arrancadores modernos se controlan por medio de un microprocesador que utiliza los ajustes, las órdenes transmitidas por un operador o por una unidad de tratamiento y los resultados de las medidas de velocidad, corriente, etc. En base a estos datos, el microprocesador gestiona el funcionamiento de los componentes de potencia, las rampas de aceleración y deceleración, el seguimiento de la velocidad, la limitación de corriente, la protección y la seguridad.

Según el tipo de producto, los ajustes (consignas de velocidad, rampas, limitación de corriente, etc.) se realizan por medio de potenciómetros, teclados, o desde autómatas o PC a través de un enlace serie.

Las órdenes (marcha, parado, frenado, etc.) pueden darse a través de interfaces de diálogo hombre/máquina, autómatas programables, PC, etc.

Los parámetros de funcionamiento y los datos de alarmas y de fallos pueden visualizarse a través de pilotos, diodos luminosos, visualizadores de 7 segmentos o de cristal líquido, pantallas de vídeo, etc.

En muchos casos, es posible configurar los relés para obtener información de:

• Fallos (de la red, térmicos, del producto, de secuencia, sobrecarga, etc.).

• Control (umbral de velocidad, prealarma o final de arranque).

Una alimentación independiente suministra las tensiones necesarias para el conjunto de los circuitos de medida y de control.

El módulo de potencia

Los elementos principales del módulo de potencia son:

- Los componentes de potencia.

- Los interfaces de tensión y/o de corriente.

- En aparatos de gran calibre, un conjunto de ventilación.

Los componentes de potencia son semiconductores (1) que funcionan en modo "Todo o Nada" y, por tanto, son similares a los interruptores estáticos de dos estados: pasante y bloqueado.

(1) Los semiconductores como el silicio son materiales cuya resistividad se sitúa entre la de los conductores y la de los aislantes. Sus átomos poseen 4 electrones periféricos. Cada átomo se asocia con 4 átomos próximos para formar una estructura estable de 8 electrones.

Un semiconductor de tipo P se obtiene mediante la incorporación al silicio puro de una pequeña proporción de un cuerpo cuyos átomos poseen 3 electrones periféricos. Por tanto, falta un electrón para formar una estructura de 8, lo que se traduce en un excedente de cargas positivas.

Un semiconductor de tipo N se obtiene mediante la incorporación de un cuerpo de 5 electrones periféricos. En este caso, existe un excedente de electrones y, por tanto, de cargas negativas.

Estos componentes, integrados en un módulo de potencia, forman un convertidor que alimenta un motor eléctrico con tensión y/o frecuencia variables a partir de la red de tensión y frecuencia fijas.

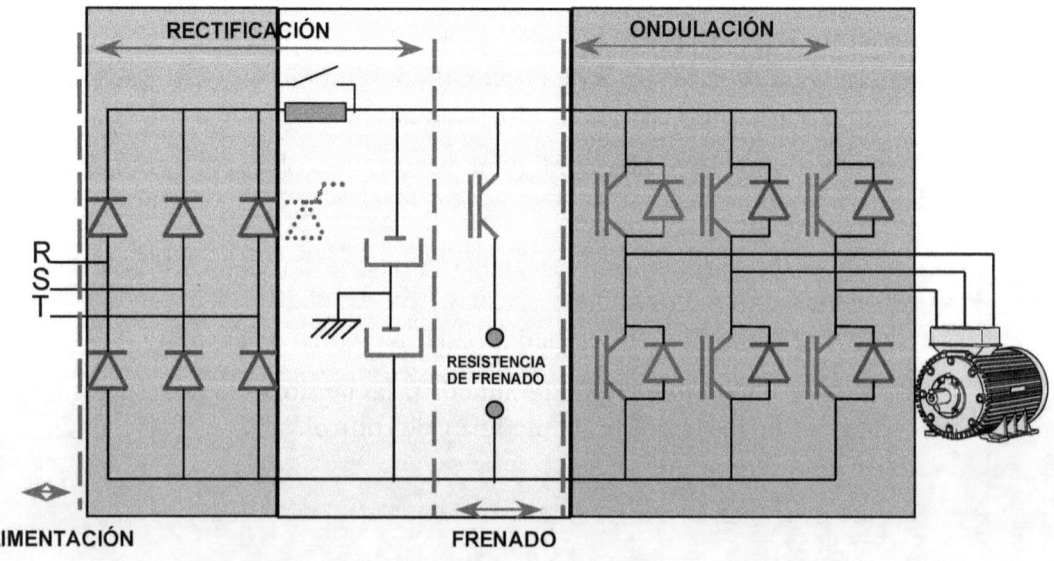

Bloques de potencia en un variador de velocidad

Componentes de potencia

El diodo

El diodo es un semiconductor no controlado que consta de dos zonas, P (ánodo) y N (cátodo), y que sólo permite que la corriente fluya en un sentido, del ánodo al cátodo. El diodo es conductor cuando la tensión del ánodo es más positiva que la del cátodo, actuando como un interruptor cerrado. Cuando la tensión del ánodo es menos positiva que la del cátodo, el diodo bloquea la corriente y funciona como un interruptor abierto.

El transistor

Es un semiconductor controlado que consta de tres zonas alternas PNP o NPN. Sólo permite que la corriente fluya en un sentido: Del emisor hacia el colector con tecnología PNP y del colector hacia el emisor con tecnología NPN. Normalmente, actúa como un amplificador. En este caso, el valor de la corriente controlada depende de la corriente de control que circula en la base. No obstante, también puede funcionar en modo "Todo o Nada", como interruptor estático:

Abierto en ausencia de corriente de base.

Cerrado en caso de saturación. Los circuitos de potencia de los variadores utilizan este segundo modo de funcionamiento.

El tiristor

Es un semiconductor controlado que consta de cuatro capas alternas PNPN. Funciona como un interruptor estático cuyo cierre se controla mediante el envío de un impulso eléctrico a un electrodo de control denominado puerta. El cierre (o disparo) sólo es posible si la tensión del ánodo es más positiva que la del cátodo.

El tiristor se bloquea cuando se anula la corriente que lo recorre, es decir, en cada paso por cero del período alterno.

La energía de disparo suministrada a la puerta no guarda relación con la corriente que se conmuta, es una propiedad intrínseca del tiristor utilizado.

El IGBT (Insulated Gate Bipolar Transistor)

Es un tipo de transistor particular que se controla bajo tensión con muy poca energía, lo que explica la ausencia de relación entre la energía necesaria para el control y la corriente conmutada. Dada la alta velocidad de conmutación, el semiconductor debe soportar las presiones propias de una dV/dt considerable. Para minimizar dichas presiones, se utilizan inductancias y circuitos de ayuda a la conmutación compuestos por resistencias, condensadores y diodos.

El GTO (Gate Turn off Thyristor)

Es un tipo de tiristor particular cuya extinción se controla por medio de un impulso negativo. La energía necesaria para ello depende de la corriente conmutada.

El IPM (Intelligent Power Module)

Es un puente ondulador con transistores de potencia IGBT que integra su propio control de vías. El IPM reúne en la misma caja:

- 7 componentes IGBT, 6 de ellos para el puente ondulador y 1 para el frenado.

- Los circuitos de control de los IGBT.

- 7 diodos de potencia de rueda libre.

- Protecciones contra cortocircuitos, sobreintensidades y excesos de temperatura.

Principales modos de funcionamiento

Unidireccional

En electrónica de potencia, un dispositivo de conversión es unidireccional si sólo permite que la energía fluya en el sentido red-receptor.

Es posible aplicar un frenado de parada en corriente alterna mediante la conexión a la resistencia de un dispositivo de frenado distinto que disipe la energía almacenada en las piezas en movimiento.

Reversible

En electrónica de potencia, un dispositivo de conversión es reversible, o bidireccional, si permite que la energía fluya en ambos sentidos: red-receptor y receptor-red.

En este caso, es posible realizar el frenado volviendo a enviar a la red de alimentación la totalidad o parte de la energía almacenada en las piezas en movimiento.

Par constante

El funcionamiento es de par constante cuando el motor suministra el par nominal con independencia de la velocidad.

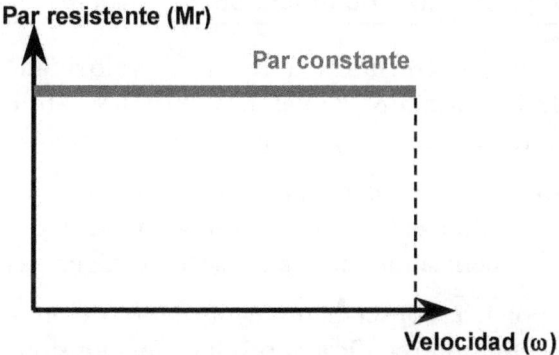

Grafica par / velocidad para par constante

Par variable

El funcionamiento es de par variable cuando el motor suministra el par en función de la velocidad.

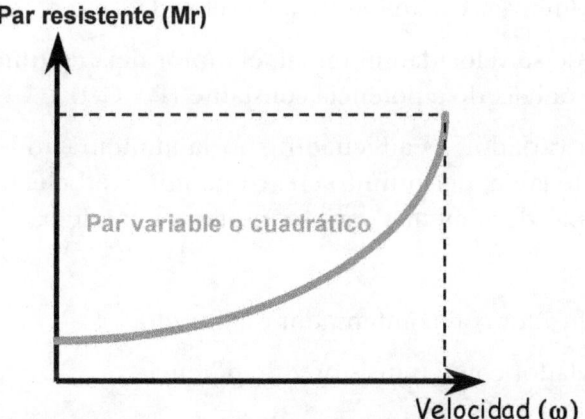

Gráfica par / velocidad para par variable

Carga arrastrante

Una carga es arrastrante cuando produce una fuerza aceleradora que actúa en el sentido del movimiento. Por ejemplo, en los dispositivos de elevación, el motor debe desarrollar un par de frenado durante la bajada para compensar la fuerza aceleradora que produce la carga.

Convertidor de frecuencia para motor asíncrono

Para obtener un par constante a cualquier velocidad, es necesario mantener el flujo constante. Para ello, la tensión y la frecuencia deben evolucionar simultáneamente y en idéntica proporción.

El convertidor de frecuencia, que se alimenta en la red a tensión y frecuencia fijas, garantiza la alimentación del motor a corriente alterna con tensión y frecuencia variables, en base a las exigencias de velocidad.

El circuito de potencia consta de un rectificador y de un ondulador que, partiendo de la tensión rectificada, produce una tensión de amplitud y frecuencia variables.

El ondulador utiliza seis transistores de potencia. El principio de la regulación es el mismo del variador-regulador de corriente continua. El ondulador puede generar una frecuencia más elevada que la de la red y, por tanto, garantizar al motor un incremento de velocidad proporcional al incremento de frecuencia. No obstante, dado que la tensión de salida del convertidor no puede superar a la de la red, el par disponible decrece en proporción inversa al aumento de la velocidad.

Por encima de su velocidad nominal, el motor deja de funcionar a par constante para hacerlo a potencia constante ($P = Cv$).

Este tipo de variador, es adecuado para la alimentación de motores asíncronos de jaula, permitindo crear una minirred eléctrica de U y f variables, capaz de alimentar varios motores en paralelo.

Consta de:

• Un rectificador con condensador de filtrado.

• Un ondulador con 6 transistores de potencia.

• Una unidad de control organizada en torno a un microprocesador que garantiza el control del ondulador.

La ondulación se obtiene mediante el corte de la tensión continua por medio de impulsos cuya duración, y por tanto longitud, se modula para que la corriente alterna resultante sea lo más senoidal posible. Esta característica condiciona la rotación regular a baja velocidad y limita los calentamientos.

La inversión de la señal de control implica la inversión del orden de funcionamiento de los componentes del ondulador y, por tanto, del sentido de rotación del motor.

Dos rampas se encargan de regular la aceleración y la deceleración.

El variador se protege a sí mismo y protege al motor contra calentamientos excesivos, bloqueándose hasta recuperar una temperatura aceptable.

Regulación

En bucle abierto, la referencia de velocidad impone una frecuencia al ondulador, lo que determina la velocidad teórica del motor. No obstante, la velocidad real varía con la carga.

En bucle cerrado, la velocidad real se controla por medio de una dinamo tacométrica. La regulación garantiza una velocidad constante.

Frenado de parada

Se obtiene mediante la inyección de corriente continua en el motor.

Frenado ralentizado

Un módulo de frenado realiza una frenada controlada. La energía de frenado se disipa en una resistencia conectada a las bornas del condensador de filtrado.

Control vectorial del flujo

Los variadores de velocidad para motores asíncronos trifásicos aumentan día a día las prestaciones de los motores asíncronos utilizados a velocidad variable.

Tradicionalmente, las aplicaciones que requerían prestaciones de accionamiento de alto nivel recurrían a soluciones basadas en motores de corriente continua.

En la actualidad, las técnicas de Control Vectorial de Flujo (CVF) permiten utilizar igualmente motores asíncronos.

Sin embargo, los motores de corriente continua se siguen utilizando en el caso de potencias muy elevadas, debido al alto coste de los variadores.

El CVF amplía el rango de funcionamiento de los motores asíncronos hacia velocidades muy bajas. Si el motor dispone de un captador de posición y, eventualmente, de una ventilación forzada, el par nominal puede suministrarse incluso en el momento de la parada, con un par transitorio máximo igual a 2 ó 3 veces el par nominal, dependiendo del tipo de motor.

Asimismo, la velocidad máxima suele alcanzar el doble de la velocidad nominal, o más si la mecánica del motor lo permite.

6.3. Las nuevas tecnologías

Control de movimiento

Las nuevas tecnologías se encaminan, cada vez más, a la oferta del control de ejes y están destinadas a las máquinas que precisan simultáneamente un control de movimiento de elevadas prestaciones asociado a un control secuencial por autómata programable.

Presentación

Las nuevas plataformas de automatismo como las: Premium y Quantum de Shneider Electric, ofrecen en sus rangos de interfaces distintos acopladores de control de ejes que realizan la función de posicionamiento.

Estos módulos son los siguientes:

- Módulos con salida analógica:

    - Control multieje (2 a 4 ejes).

    - Control monoeje.

- Módulos con enlace digital:

    - Controla hasta 8 variadores.

    - Controla hasta 22 variadores.

Para ello disponen de los variadores específicos y de los motores brushless.

El variador de velocidad para motor brushless

Presentación

Los variadores de velocidad para motores brushless están destinados a la regulación de par, de velocidad y/o de posición de dichos motores.

Estos conjuntos de motovariadores están destinados a las aplicaciones de alto rendimiento que exigen algoritmos de seguimiento de posición de gran precisión y dinamismo.

Estos variadores se presentan normalmente según dos tipos:

- Variadores de consigna analógica + 10 V.

- Variadores con enlace numérico SERCOS.

Dichos variadores están principalmente diseñados para controlarse por acopladores de posicionamiento soportados por las plataformas de automatismos específicas.

Además, suelen disponer de un posicionador integrado utilizable en casos de aplicaciones simples que no requieran acopladores de posicionamiento.

En este caso, las numerosas posibilidades de conexión (enlace serie RS 232, bus Fipio, red Modbus Plus, bus CANopen, bus Profibus DP) permiten responder a las diferentes arquitecturas de automatismos.

Funciones

Alimentaciones

Los variadores para servomotores suelen contar con:

- Una alimentación directa a partir de la red trifásica cuyo valor nominal puede ser cualquier tensión incluida en el rango a 208...480 V, 50...60 Hz.

  Si se observa una desclasificación en corriente y en velocidad máx. del motor, los mismos variadores pueden, normalmente, alimentarse con una red monofásica a 230 V.

- Resistencia a las perturbaciones electromagnéticas y no propagación de perturbaciones electromagnéticas gracias al filtro CEM integrado en los variadores de conformidad con las directivas 89/336, 92/31 y 93/68/CEE.

- Suelen ser compatibles con los regímenes de neutro TT (neutro a tierra) o TN (puesta a neutro). En caso de régimen IT (neutro asilado), es necesario prever un transformador de aislamiento con el fin de reconstituir en el secundario (lado del variador) un régimen de neutro a tierra.

- Una alimentación auxiliar en c.c. de 24 V es necesaria para la alimentación de los circuitos electrónicos internos y los interfaces de entradas/salidas (aislamiento necesario con la alimentación de potencia del motor).

Resistencia de frenado interna

Los variadores a los que nos estamos refiriendo, para motores brushlees disponen así mismo de una resistencia de frenado (o resistencia ballast) interna de 80 o 200 W, según el modelo.

En función de las características de frenado deseadas, el frenado interno podrá inhibirse en beneficio de una resistencia de frenado externa de 250, 500 ó 1.500 W asociada a cada variador.

La puesta en paralelo del bus de potencia de los variadores permite la puesta en común de los condensadores internos y las resistencias de frenado, de modo que se pueden aprovechar las capacidades de absorción y disipación acumuladas de los variadores.

Regulación/tratamiento de las señales

Suelen disponer también de:

- Tres reguladores numéricos integrados programables:

- Un regulador de corriente (imagen del par) que presenta un período de bucle de regulación de 62,5 μs.

- Un regulador de velocidad de ganancia proporcional e integral con un período de bucle de regulación de 250 μs,

- Un regulador de posición con un período de bucle de regulación de 250 μs.

- Tratamiento de las señales de retorno posición motor a partir del sensor motor (resolver o codificador absoluto de alta resolución). A partir de esta información, el variador puede generar un retorno de codificador simulado que puede ser de tipo incremental o absoluto. Este retorno de codificador simulado se utiliza exclusivamente con un codificador externo.

- Dos informaciones "Todo o Nada" para controlar el automatismo:

- Una entrada de c.c. a 24 V de validación del variador.

- Una salida relé libre de potencial, fallo del variador.

- Dos entradas / dos salidas analógicas + 10 V y cuatro entradas / dos salidas "Todo o Nada" a 24 V de c.c. que permiten integrar los variadores en sistemas de control secuencial controlados por autómatas programables. Las funciones de estas entradas/salidas son configurables.

Funciones específicas de los variadores de consigna analógica

- Posicionador integrado:

  Estos variadores suelen disponer, además, de la función de posicionador integrado. Esta función de posicionamiento permite realizar automatismos simples que no requieren acopladores de control de movimiento.

- Conectividad:

  Los variadores disponen de un enlace serie RS 232 o enlace bus CANopen. Mediante la integración de una tarjeta opcional, se conectan a la red Modbus Plus, al bus Fipio o al bus Profibus DP.

El servomotor o motor brushless

Qué se entiende por un servo motor o motor brushless.

Es un accionamiento electromecánico que convierte pulsos eléctricos en movimientos mecánicos discretos.

El sistema de regulación funciona en lazo cerrado, por lo que necesita siempre de un mecanismo de retroalimentación de la posición.

La cantidad de movimiento y la velocidad dependen de la variable de referencia del lazo de control.

Hay tres tecnologías de motores y drives que ofrecen soluciones servo:

- Motores de corriente continua.

- Motores asíncronos o de inducción.

- Motores brushless síncronos.

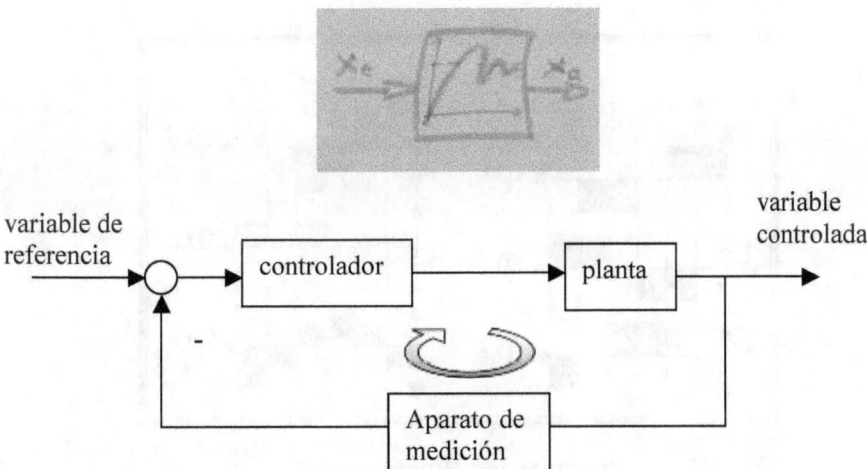

Diagrama del funcionamiento en lazo cerrado del servomotor

Existen principalmente dos tipos de drives para motores síncronos de imanes permanentes, diferenciados por la forma de señal de corriente que comunican el motor y por el tipo de sistema de retroalimentación:

- Drive con conmutación tipo bloque / Brushless DC.

- Drive con conmutación Sinusoidal / Brushless AC.

Brushless DC vs. Brushless AC

- La tecnología Brushless DC fué la primera que se aplicó para el control de motores Brushless síncronos; el desarrollo de la tecnología del tratamiento digital de la señal ha permitido el desarrollo de la tecnología Brushless AC.

- Los drives Brushless DC requieren de un encoder de baja resolución para realizar la conmutación, por motivos de coste se opta por sensores de efecto Hall; normalmente hay seis puntos de conmutación por rev. eléctrica.

- Mientras que los Brushless AC necesitan un encoder absoluto de alta resolución (4096 -16384 puntos de conmutación por vuelta).

Como veremos más adelante, los Brushless DC producen un rizado de par mayor que los brushless AC, pero la electrónica de control es más sencilla y son por ello más baratos.

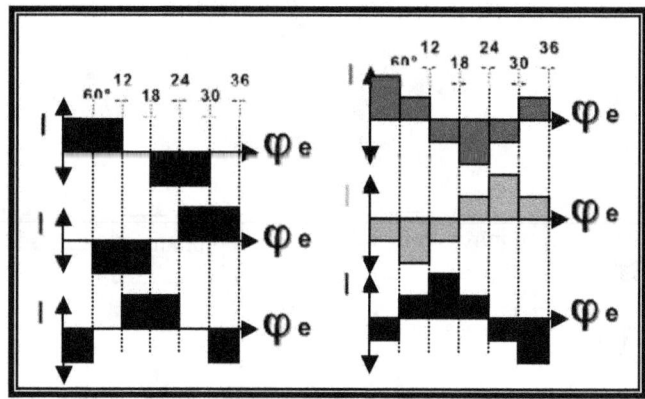

Conmutación Brushless DC

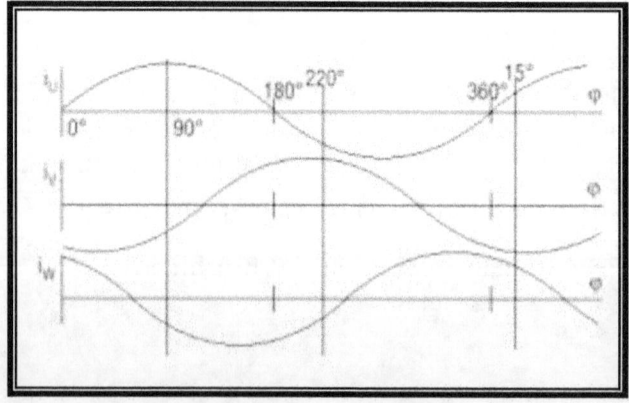

Conmutación Brushless AC

Como todos los motores síncronos, el par suministrado por el motor depende de la fuerza magnética de los imanes permanentes (Fr), de la fuerza magnética de los bobinados del estator y del seno del ángulo que existe entre estas dos fuerzas:

$T \cong Fr \times Fs \times Sen(\varphi)$

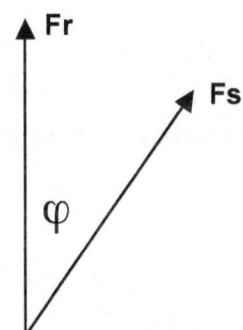

Diagrama de fuerzas magnéticas

φ : Depende de la carga, par y corriente del estator.

Fs: Depende de la corriente del estator.

Fr: Constante.

El máximo par y la máxima eficacia se da cuando el ángulo es de 90° grados eléctricos a corriente constante.

Como los drives Brushless DC sólo tienen 6 posibles posiciones de conmutación por una revolución eléctrica NO ES POSIBLE que el ángulo sea de 90° en todo momento.

En cambio el brushless AC al tener más posiciones de conmutación puede controlar la conmutación siempre alrededor de 90°.

Consecuencia: Rizado de par en los motores Brushless DC, crítico a bajas revoluciones.

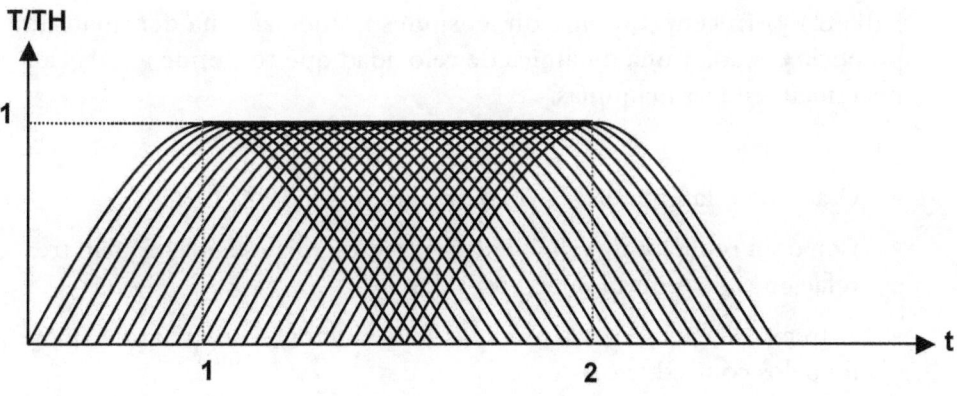

Rizado de par Brushless AC

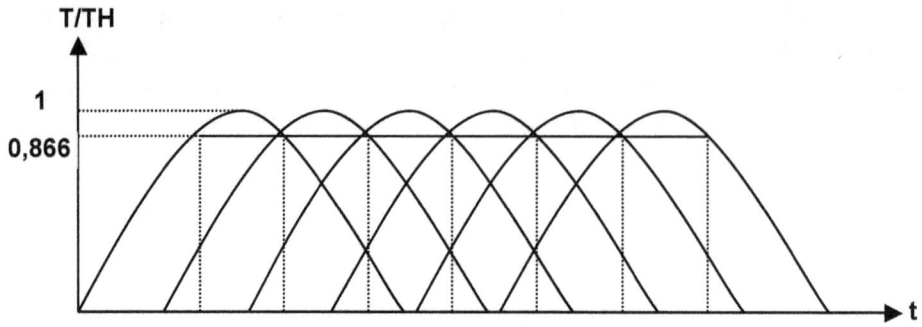

Rizado de par Brushless DC

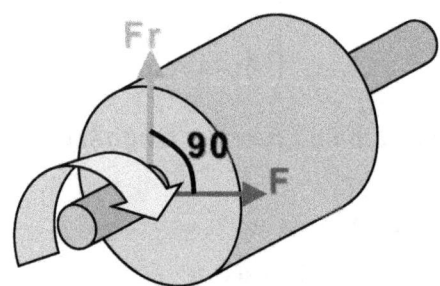

Las fuerzas magnéticas en el giro del motor Brushless

Los motores Brushless son motores trifásicos de tipo síncrono. Disponen de un sensor integrado, que puede ser un resolver o un codificador absoluto. Y pueden encontrarse en el mercado con o sin freno de aparcamiento.

Existen distintas gamas de motores, las más habituales son:

Motores SER

Disponen de imanes Neodimio Hierro Boro (Neodynium Fer Bore) (NdFeB) y ofrecen, con unas dimensiones reducidas, una densidad de potencia elevada y una dinámica de velocidad que responde a todas las necesidades de las máquinas.

Disponen de:

- Grado de estanqueidad IP 56 (extremo de eje IP 41).

- Con o sin reductor de velocidad. Estos reductores se ofrecen con tres relaciones de reducción 3:1, 5:1 y 8:1.

- Extremo de eje liso (para modelos sin reductor) o con chaveta (para modelos con reductor).

Motores BPH

Su diseño, con imán permanente de Samario Cobalto, asegura una perfecta calidad de rotación, incluso a baja velocidad. Según el modelo, disponen de:

• Grado de estanqueidad IP 65 o IP 67 (IP 54 ocasional).

• Extremo de árbol con una chaveta o liso.

Configuración e instalación

El diseño y la instalación de las aplicaciones de control de movimiento de las plataformas de automatismos se efectúan con los softwares específicos.

Motor Brushless

Un servo motor debe ofrecer:

• Gran precisión de posicionado.

• Estabilidad de velocidad.

• Alta estabilidad de par.

• Repetitividad del movimiento.

• Elevada respuesta dinámica.

• Configuración sencilla del sistema.

• Bajo costo.

Características de los servos que influyen en una buena respuesta dinámica:

- Capacidad de sobre-par en momentos puntuales, hasta 3 veces el par nominal, para conseguir aceleraciones / deceleraciones rápidas.

- Alta capacidad de aceleración. Esta característica depende del par y de la inercia del motor.

- Estabilidad de par en un rango amplio de velocidades, incluso a motor parado.

Parametros constructivos que afectan a la respuesta dinámica:

- **Peso:**

Los servomotores Brushless síncronos ofrece una mayor densidad de par. Esto es de gran importancia en los casos en los que los motores están montados sobre la parte móvil.

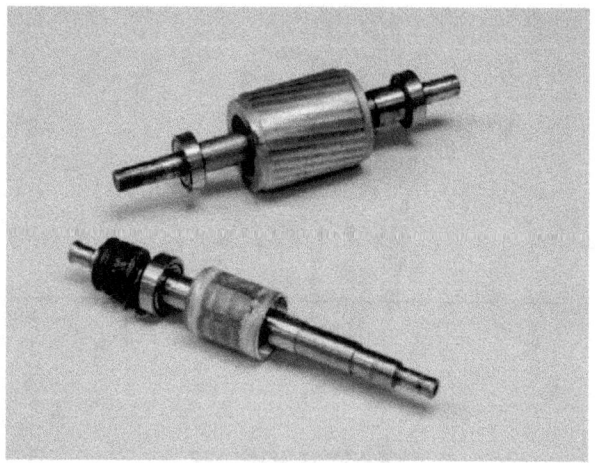

Comparativa entre rotor de motor asíncrono y de servomotor

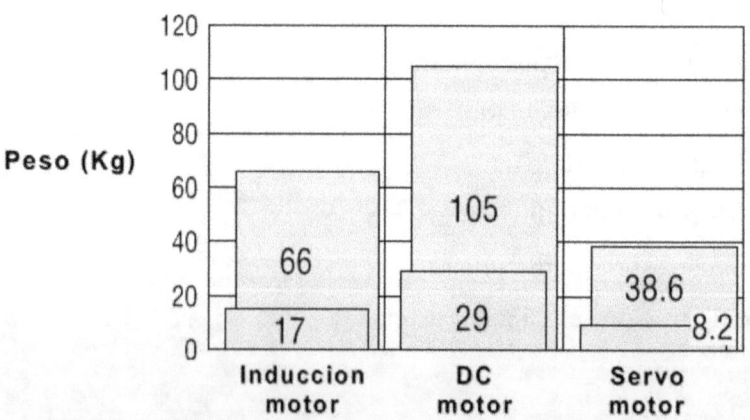

Tabla comparativa de los distintos pesos de motores según tipo

Motores asíncronos:	8,8	kg/kW
Motores CC:	12,7	kg/kW
Motores Brushless síncronos:	5,2	kg/kW

Momento de inercia

Los servomotores Brushless síncronos son con diferencia los de menor inercia.

Un servomotor de CC tiene una inercia 467% mayor y un motor asíncrono una inercia 220% mayor.

Un momento de inercia bajo es particularmente importante en términos de respuesta dinámica, sin embargo, puede ser desfavorable cuando a inercia de la masa a mover es alta.

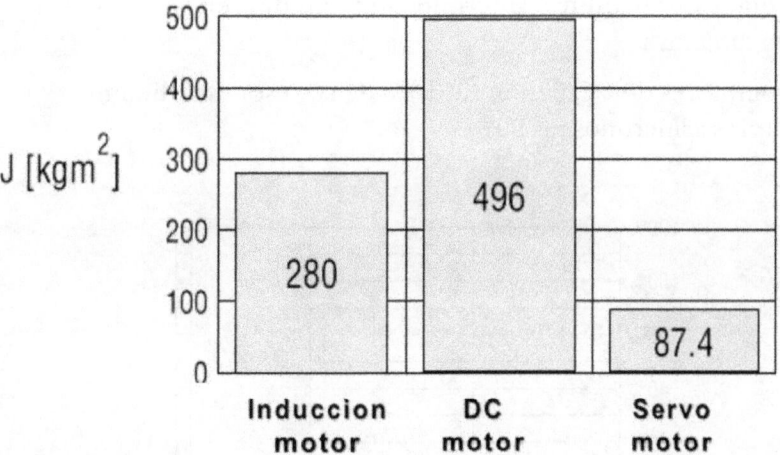

Tabla comparativa de los distintos momentos de inercia de motores según tipo

Tiempo de aceleración

Por el alto par máximo y la baja inercia de los motores Brushless síncronos, éstos se caracterizan por un tiempo de aceleración muy bajo.

Un servomotor CC tiene un tiempo de aceleración 1000% mayor y un motor asíncrono tiene un tiempo de aceleración 400% mayor.

Por ello los servomotores Brushless síncronos son óptimos en aplicaciones de dinámica elevada.

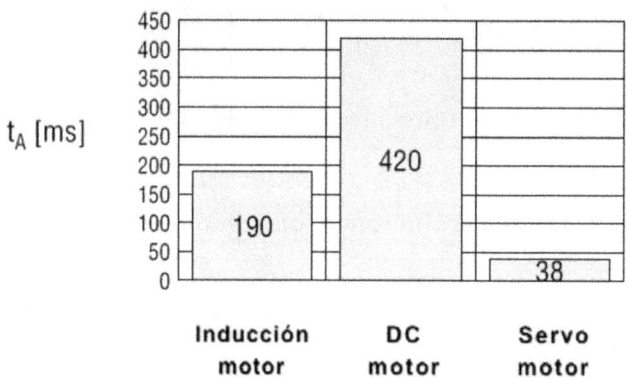

Tabla comparativa de las distintas aceleraciones de motores según tipos

Respuesta dinámica

Los servomotores Brushless síncronos son con diferencia los de mejor respuesta dinámica.

Los servomotores de CC tienen un 10% de su respuesta dinámica y los servomotores asíncronos un 20%.

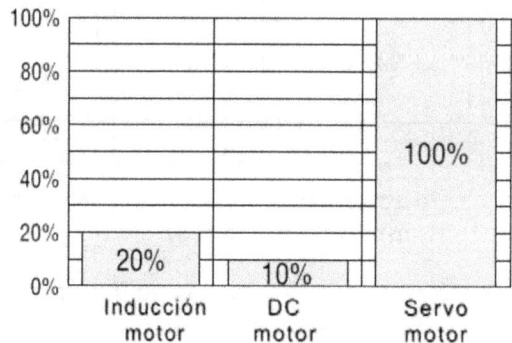

Tabla comparativa de los distintos comportamientos dinámicos de motores según tipos

Conclusiones

Los motores Brushless síncronos presentan unas características dinámicas, que los hacen ideales para aplicaciones de alta dinámica.

En aplicaciones de baja y media dinámica, las soluciones basadas en servomotores asíncronos son una solución barata. Esto ha hecho que hasta ahora hayan sido la solución adoptada por muchos fabricantes.

Pero el hecho de que el estator induzca un campo magnético en el rotor, hace que la eficiencia no sea tan alta.

El mayor precio de las soluciones con motores Brushless síncronos se debe a los siguientes factores:

- Los motores incluyen **siempre** un encoder de alta resolución utilizado para la conmutación, el control de velocidad y el control de posición.

- El rotor incluye imanes permanentes de tierras raras.

- Las mayores exigencias de conmutación y de precisión hacen que la electrónica de los controladores sea más cara.

- La reducción de costos y el aumento de exigencias en las prestaciones de las máquinas van a posibilitar a los motores Brushless síncronos entrar en máquinas que han utilizado tradicionalmente servomotores asíncronos.

- Los fabricantes de variadores para motores de inducción intentan, a su vez, mejorar las prestaciones y con los variadores de control de flujo vectorial intentan mejorar las prestaciones, para acceder al mercado de dinámica media-alta, aunque se incrementa así el precio de la solución.

- Por motivos intrínsecos a la tecnología, se puede asegurar que las prestaciones de los servomotores de inducción no podrán alcanzar a las de los servomotores Brushless síncronos.

¿Por qué motores brushless?

- Los motores convencionales tiene pérdidas en el cobre y en el hierro.

- En motores con escobillas tenemos hierro y bobinas en el rotor, causando altas temperaturas y limitando sus prestaciones.

- Los que no tienen escobillas tienen hierro y bobinas en el estator donde la disipación del calor es más fácil.

- El diseño del rotor sin escobillas reduce su inercia y permite una respuesta dinámica más rápida.

- La vida de un rotor bobinado es más corta debido a las escobillas y el colector.

Veamos, por último y dentro de las tecnologías más recientes el actuador integrado.

El actuador integrado

¿Qué es un actuador integrado?

Es un conjunto de elementos que, como su mismo nombre indica, normalmente integra:

- Un motor que puede ser:
    - Brushless AC.
    - Brushless DC.
    - Paso a paso.

- Un actuador que integra la electrónica de control en el motor (el tipo de retroalimentación depende del motor que monte).

- Un reductor.

- 2 conectores para alimentación y comunicaciones.

- Un Controlador de posicionamiento.

- Normalmente operan conectados a un bus de campo.

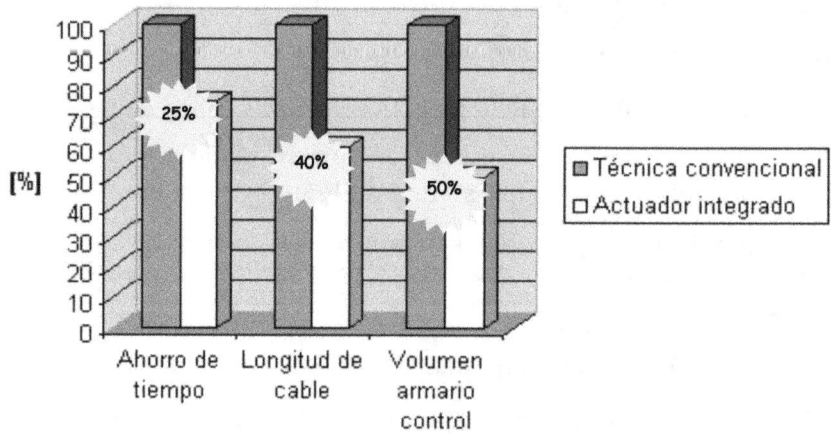

Ejemplo: Aplicación con 5 ejes

Beneficios que aporta el actuador integrado

Principales recelos sobre los actuadores integrados y sus respuestas:

- El mercado, por lo general se resiste a esta tecnología:

En muchos casos el usuario y el personal de mantenimiento no se terminarán de creer las ventajas de los actuadores integrados.

En estos casos, si la aplicación es apropiada para estos actuadores, cuando se compruebe el ahorro que implica esta solución la decisión será clara.

- Dudas sobre la fiabilidad del aparato:

Estos actuadores son tan o más fiables que la solución motor + electrónica por separado.

La principal razón es que el motor y la electrónica de control han sido diseñados, fabricados y probado conjuntamente.

Si el actuador está bien dimensionado para la aplicación y la temperatura de trabajo, funcionará correctamente.

- Si falla una parte, hay que cambiar el conjunto completo:

La reposición de la electrónica y el motor garantiza una mayor fiabilidad de la máquina y minimiza posteriores paros de la misma.

- En general son más caros que motor y drive por separado:

En los rangos de potencia y en las aplicaciones para las cuales están pensados estos actuadores, se produce una mejora sustancial en el precio del equipo.

- Mayor coste del material de repuesto y de piezas de recambio:

Aunque es cierto que al fallar una de las partes, es necesaria la sustitución del todo el equipo, el cliente ha conseguido una reducción importante de costos en el total de la máquina.

- La electrónica no es adecuada para entornos agresivos:

Estos actuadores no son particularmente apropiados para entornos sucios y polvorientos o altas temperaturas.

El mayor problema es habitualmente la temperatura, que implica en esos casos sobredimensionar el actuador.

Aplicaciones tipo para los drives integrados:

- Ajuste de formato en máquinas de impresión.

- Ajuste de formato en máquinas de impresión flexográficas. Incluido el posicionamiento de los rodillos.

- Ajuste de formato en máquina herramienta.

- Válvula drive para hidráulica.

- Ajuste de formato en máquinas de empaquetado.

- Cambio de herramienta, modo automático, en máquinas – herramienta.

- Ajuste de formato en máquinas perforadoras.

- Ajuste de formato en máquinas paneladoras.
- Ajuste de formato para rectificadoras de una cara.
- Ajuste de formato en máquinas de corte de papel.
- Ajuste de formato en máquinas de encuadernación de libros.
- Ajustes en sistemas de fabricación de ventanas.
- Posicionamiento de la herramienta (máquinas para madera).
- Ajuste en máquinas de empaquetado para sobres.
- Ajuste de la profundidad de placa de circuito impreso.
- Aposicionamiento de cámaras.
- Ajuste de cabezal para soldadura por láser.
- Ajuste formato para alimentadores.
- Tecnología médica.
- Ajuste de registro en máquinas de impresión.
- Unidad de inyección de tinta en máquinas de impresión.
- Corte de papel / cambio de formato.

RESUMEN

En el presente apartado del curso, se ha pretendido iniciar al alumno en los conocimientos básicos de las máquinas eléctricas.

Se han expuesto los conceptos básicos de los motores de corriente continua y de corriente alterna, tanto en lo que se refiere a sus: Fundamentos, principios de funcionamiento, tipos y aplicaciones.

Y se han explicado los distintos sistemas de arranque, frenado, inversión de sentido de giro y control de los citados motores.

Se ha puesto especial interés en adecuar el nivel de información, tanto a las características del alumno al que va dirigido, como a la importancia que el tema tratado tiene en la industria actual.

En beneficio del alumno, como se ha citado anteriormente, se ha pretendido huir de grandes exposiciones teórico matemáticas, en bien de la mejor comprensión y se ha hecho mayor hincapié en las aplicaciones prácticas, desarrollas con sencillez y con la aportación de: Imágenes, gráficos y esquemas clarificadores.

La industria actual se basa en la aplicación mayoritaria de las máquinas aquí estudiadas, por lo que hemos puesto especial énfasis en tratar el tema del motor asíncrono de corriente alterna con rotor en jaula de ardilla o en cortocircuito, dado que su utilización, supera con creces a la de cualquier otro tipo, aunque las actuales tendencias, están concediendo un espacio, cada vez mayor, al servomotor o motor Brushless, bien entendido, que ambos compartirán, durante mucho tiempo, el espacio industrial.

BIBLIOGRAFÍA

Fóuillé, A.: *Electrotecnia para ingenieros. Máquinas eléctricas*, Aguilar S.A. Ediciones

Gaucheron, E.: *Cahier tecnique. Nº 207. Les moteurs électriques. Pour mieux les piloter et les protéger*, Schneider Electric

Martín Romero, J.: *Electricidad*, Editorial Ramón Sopena, S.A.

Moeller & Werr: *Electrotecnia general y aplicada. Máquinas de cc y ca*, Editorial Labor, S.A.

Vidal Llenas, José: *Curso de Física (5ª Edición)*, Artes Gráficas Grijelmo S.A.

Biblioteca Técnica, Schneider Electric

Enciclopedia Salvat de la Ciencia y de la Tecnología, Salvat Editores S.A.

Manual electrotécnico. Telesquemario. Telemecanique, Schneider Electric

Reference data for Radio Engineers, ITT

MÓDULO CUATRO INSTALACIONES ELÉCTRICAS
Y AUTOMATISMOS

U.D. 4 AUTOMATIZACIÓN, FUNDAMENTOS
Y ÁREAS DE APLICACIÓN. ÁLGEBRA DE BOOLE,
CIRCUITOS LÓGICOS COMBINACIONALES
Y SECUENCIALES

M 4 / UD 4

ÍNDICE

INTRODUCCIÓN

La revolución industrial ocurrió al substituirse la producción de un sólo artículo a la vez por la producción en masa, o en serie. Esto fue posible gracias al invento de la maquinaria de vapor. Eventualmente, el motor eléctrico y los sistemas hidráulicos reemplazaron a las máquinas de vapor y se desarrollaron los sistemas automáticos de control industrial.

Antes de la invención del autómata programable, los equipos automatizados basaban su funcionamiento sobre los circuitos lógicos combinacionales y secuenciales implementados fundamentalmente con relés. Posteriormente, el Autómata Programable sustituyó al relé.

Hoy en día, el autómata programable es el pilar indispensable para sostener y mejorar los sistemas automatizados para el control industrial. La programación de un autómata está íntimamente ligada al álgebra de Boole. De hecho, existen lenguajes de programación (Texto Estructurado y Lista de Instrucciones) en los que se acude directamente a expresiones boolenas combinacionales y secuenciales. En otros lenguajes, como el lenguaje de contactos, se utiliza la lógica booleana de una manera indirecta.

MÓDULO CUATRO INSTALACIONES ELÉCTRICAS Y AUTOMATISMOS

U.D. 4 AUTOMATIZACIÓN, FUNDAMENTOS Y ÁREAS DE APLICACIÓN. ÁLGEBRA DE BOOLE, CIRCUITOS LÓGICOS COMBINACIONALES Y SECUENCIALES

OBJETIVOS

En este módulo, se estudiarán los elementos que componen a un sistema automatizado de producción y las bases del álgebra de Boole, que como ya se ha comentado, resultan necesarias en la programación de autómatas.

MÓDULO CUATRO INSTALACIONES ELÉCTRICAS Y AUTOMATISMOS

U.D. 4 AUTOMATIZACIÓN, FUNDAMENTOS Y ÁREAS DE APLICACIÓN. ÁLGEBRA DE BOOLE, CIRCUITOS LÓGICOS COMBINACIONALES Y SECUENCIALES

215

MÓDULO CUATRO INSTALACIONES ELÉCTRICAS Y AUTOMATISMOS

U.D. 4 AUTOMATIZACIÓN, FUNDAMENTOS Y ÁREAS DE APLICACIÓN. ÁLGEBRA DE BOOLE, CIRCUITOS LÓGICOS COMBINACIONALES Y SECUENCIALES

1. LOS SISTEMAS AUTOMATIZADOS

Se entiende por Sistema Automatizado toda máquina o conjunto de máquinas que evoluciona de manera automática (con la mínima intervención humana), respetando unas condiciones de funcionamiento prefijadas.

La automatización trae consigo una serie de ventajas, tales como:

- Aumentar la fiabilidad, el control, la eficacia o productividad y la flexibilidad de un proceso.

- Minimizar tiempos de espera y mejorar la repetitibilidad de fabricación, es decir, que todos los productos fabricados tengan características idénticas.

- Reducir los tiempos de parada.

- Incrementar la seguridad, relevando al operario de tareas peligrosas.

- Conseguir una mejor adaptación a contextos especiales: adaptación a entornos y tareas hostiles (tales como entornos corrosivos, húmedos, ... y aplicaciones de tipo marino, espacial, nuclear, ...)

1.1. Evolución histórica de la automatización

La manera más rudimentaria que ha tenido el ser humano para controlar algún elemento de su entorno ha sido la de ejercer el control manual. El operario debe observar continuamente la variable a ser controlada, tomando él las decisiones y ejerciendo las acciones pertinentes para que dicha variable se mantenga dentro del rango deseado.

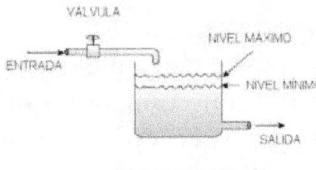

CONTROL MANUAL

Si se desea que el nivel de un líquido almacenado en un tanque permanezca dentro de un rango de niveles, el operario debe vigilar continuamente el nivel existente en el depósito. Dado que el consumo de líquido en la salida del depósito puede ser variable, el operario debe abrir y cerrar la válvula según sea necesario.

Como se comentó en la introducción, con el paso del tiempo y gracias a la continua innovación e invenciones del ser humano, se ha evolucionado desde el control manual hasta las técnicas más sofisticadas de control mediante el autómata programable y todos sus equipos auxiliares.

MÓDULO CUATRO INSTALACIONES ELÉCTRICAS Y AUTOMATISMOS

U.D. 4 AUTOMATIZACIÓN, FUNDAMENTOS Y ÁREAS DE APLICACIÓN. ÁLGEBRA DE BOOLE, CIRCUITOS LÓGICOS COMBINACIONALES Y SECUENCIALES

Al principio, como sustitución de las técnicas de control manual en el manejo de aplicaciones, se empleó en la automatización mediante equipos cableados, a partir de cuadros realizados con elementos eléctricos y electromecánicos (tales como relés, contactores,...) con la misión de automatizar un proceso o parte del mismo.

Más tarde llegaría la sustitución de los equipos cableados por un Autómata programable. El primero de ellos se llamaba **MO**dular **DI**gital **CON**troller (MODICON). Dadas las ventajas obtenidas en la automatización de procesos productivos mediante este aparato, se han utilizado autómatas con éxito en otros sectores.

Por ejemplo, mediante un autómata se puede tener una solución flexible y totalmente automatizada para ejercer el control de nivel de líquido antes comentado:

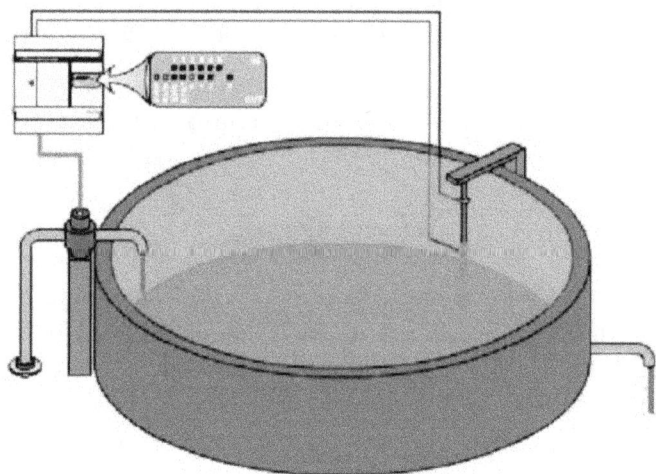

En este caso, el autómata recibe mediante dos entradas la información relativa al nivel del líquido. En la memoria del autómata reside un programa que se ha escrito con el propósito de activar la electroválvula, permitiendo la entrada de líquido cuando el nivel cae por debajo del mínimo, o desactivar la electroválvula, impidiendo la entrada del líquido cuando su nivel supera al máximo.

En principio, no parece que se justifique la presencia de un autómata para ejecutar una función tan simple como la descrita. Pensemos por un momento que ese depósito de líquido puede formar parte de un proceso industrial mucho más complejo. El mismo autómata que se ha mostrado encargándose de controlar el nivel del líquido, puede estar controlando simultáneamente otros cientos o miles de maniobras adicionales en dicho proceso.

MÓDULO CUATRO INSTALACIONES ELÉCTRICAS Y AUTOMATISMOS

U.D. 4 AUTOMATIZACIÓN, FUNDAMENTOS Y ÁREAS DE APLICACIÓN. ÁLGEBRA DE BOOLE, CIRCUITOS LÓGICOS COMBINACIONALES Y SECUENCIALES

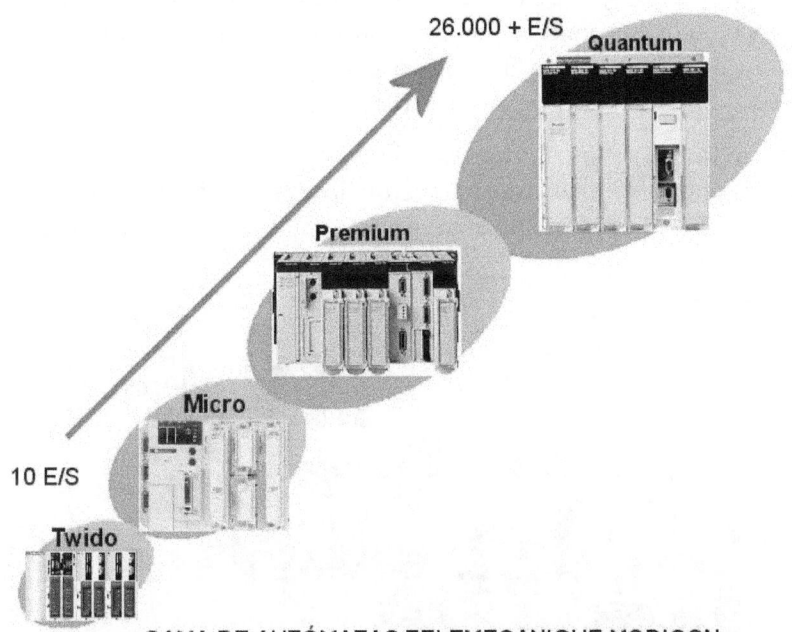

GAMA DE AUTÓMATAS TELEMECANIQUE-MODICON

Como se muestra en la última imagen, seleccionando debidamente al autómata, éste se puede ocupar de la gestión de una aplicación en la que estén involucradas unas cuantas variables (10 Entradas/Salidas) o varias decenas de miles.

1.2. Áreas de aplicación de la automatización

En líneas generales, cuando se habla de automatización, inmediatamente viene a la mente la idea de una fábrica automatizada. Como ejemplo más emblemático de esta aplicación se puede citar a una línea de fabricación de coches, en la que a lo largo de 24 horas de producción continua se pueden fabricar más de 1000 coches.

MÓDULO CUATRO INSTALACIONES ELÉCTRICAS Y AUTOMATISMOS

U.D. 4 AUTOMATIZACIÓN, FUNDAMENTOS Y ÁREAS DE APLICACIÓN. ÁLGEBRA DE BOOLE, CIRCUITOS LÓGICOS COMBINACIONALES Y SECUENCIALES

En una fábrica de este tipo existen innumerables robots (en color naranja en la imagen) y autómatas que se encargan de la inmensa mayoría de las operaciones necesarias. También existen operarios haciendo labores manuales, pero su cantidad es muy reducida.

Aparte de los procesos productivos, la automatización está presente en otras áreas, tales como el control de edificios y la distribución de energía, entre otros. En la siguiente imagen se aporta más información al respecto:

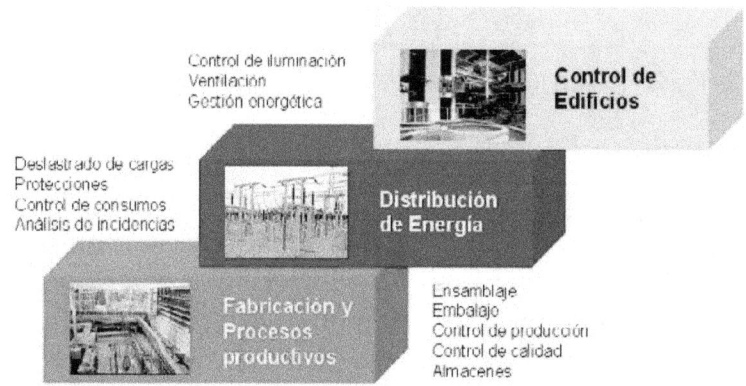

1.3. Estructura general de un sistema automatizado

Cualquier sistema o proceso automatizado de puede asimilar, en líneas generales, al expuesto en el siguiente esquema:

ESTRUCTURA GENERAL DE UN SISTEMA AUTOMATIZADO

En cualquier caso, se deben distinguir las diferentes partes que lo componen:

Máquina, instalación, sistema o proceso a automatizar.

Sistema de adquisición de datos.

Sistema de tratamiento de datos.

MÓDULO CUATRO INSTALACIONES ELÉCTRICAS Y AUTOMATISMOS

U.D. 4 AUTOMATIZACIÓN, FUNDAMENTOS Y ÁREAS DE APLICACIÓN. ÁLGEBRA DE BOOLE, CIRCUITOS LÓGICOS COMBINACIONALES Y SECUENCIALES

Sistema de diálogo hombre-máquina.

Sistema de mando de potencia (Accionadores y Preaccionadores).

En el ejemplo presentado, la instalación a automatizar es el depósito cuyo nivel se desea controlar.

La adquisición de datos del proceso la realizamos a través de elementos captadores o sensores. Un captador es cualquier elemento o sistema capaz de recoger información de su entorno, convertirla en una señal eléctrica y transmitirla hacia otro elemento que sea capaz de leerla, entenderla y tratarla.

Una vez que se capta un dato, la señal correspondiente al valor del mismo es recogida por un sistema capaz de guardarlo en su memoria para que posteriormente se pueda realizar el tratamiento correspondiente.

En función de la aplicación que se ha de controlar, los diferentes componentes a utilizar que tienen como propósito el tratamiento de la información, pueden ser:

- Dispositivos discretos configurables (relés, relés temporizados, variadores de frecuencia, etc, ...).
- Controladores programables.
- Autómatas programables.
- PC's industriales.

El terminal de diálogo permite el establecimiento del diálogo hombre-máquina, que es la relación que existe entre el operador del sistema y el automatismo que lo controla. Permite supervisar el estado de funcionamiento de un sistema y actuar sobre el mismo en caso de que sea necesario. El diálogo hombre-máquina surge de la necesidad que tiene o puede tener un sistema automatizado de control y supervisión por parte de un operador externo al proceso.

Una vez que el automatismo, según las señales que ha tratado, decide unas determinadas acciones de control sobre la aplicación, actúa sobre los elementos que se encargan de ejecutar estas acciones, ya sea directamente (actuando sobre los elementos accionadores) o indirectamente (actuando sobre los elementos preaccionadores).

MÓDULO CUATRO INSTALACIONES ELÉCTRICAS Y AUTOMATISMOS

U.D. 4 AUTOMATIZACIÓN, FUNDAMENTOS Y ÁREAS DE APLICACIÓN. ÁLGEBRA DE BOOLE, CIRCUITOS LÓGICOS COMBINACIONALES Y SECUENCIALES

1.4. Tipos de procesos productivos

En líneas generales, existen dos tipos de proceso productivos: Los secuenciales y los continuos:

a. Procesos secuenciales.

Se refieren a operaciones diversas que se ejecutan con un cierto orden y por intervalos de tiempo definidos, con el propósito de producir un artículo. Por comentar un ejemplo muy simple, una máquina no puede enroscar un tornillo en una pieza metálica, a menos que previamente se haya hecho la rosca en la pieza. En los procesos secuenciales hay que mantener una secuencia (valga la redundancia) predeterminada. Tal sería el caso de una fábrica de pan en donde una parte de los diversos procesos consiste en mezclar los ingredientes uno a uno en diferentes momentos.

b. Procesos continuos.

Son aquellos en donde varias operaciones están siendo ejecutadas y controladas al mismo tiempo. Existe una entrada de materiales que se reciben continuamente, y una salida de los productos manufacturados, también continua. Como ejemplo se pueden citar una refinería de petróleo o la producción de papel.

MÓDULO CUATRO INSTALACIONES ELÉCTRICAS Y AUTOMATISMOS

U.D. 4 AUTOMATIZACIÓN, FUNDAMENTOS Y ÁREAS DE APLICACIÓN. ÁLGEBRA DE BOOLE, CIRCUITOS LÓGICOS COMBINACIONALES Y SECUENCIALES

2. ÁLGEBRA DE BOOLE. FUNCIONES LÓGICAS Y VARIABLES

2.1. Introducción

Muchos componentes utilizados en la automatización, tales como interruptores y relés, presentan dos estados claramente diferenciados (abierto o cerrado, conduce o no conduce). A este tipo de componentes se les denomina componentes del tipo todo o nada o también componentes lógicos.

Para estudiar el comportamiento de estos elementos, se representan los dos estados del componente mediante los símbolos 1 y 0 (0 abierto, 1 cerrado). De esta forma podemos utilizar una serie de leyes y propiedades comunes a la lógica digital con independencia del componente específico.

Atendiendo a este criterio, todos los elementos del tipo todo o nada son representables por una variable lógica, entendiendo como tal aquella que sólo puede tomar los valores 0 y 1. El conjunto de leyes y reglas de operación de variables lógicas se denomina álgebra de Boole, ya que fue George Boole el que desarrolló las bases de la lógica matemática

2.2. Operaciones lógicas básicas

Las operaciones lógicas básicas son las operaciones sobre las que se fundamenta la lógica Booleana. Cualquier operación lógica compleja puede ser expresada utilizando combinaciones de las operaciones básicas.

2.2.1. Función AND (Función Y)

Analicemos un circuito eléctrico elemental, en el que hay dos interruptores, una lámpara y una fuente de alimentación:

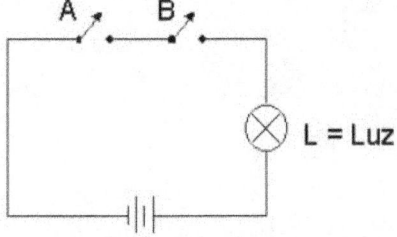

Para que la lámpara se encienda (L=1), se requiere que los interruptores A y B estén cerrados (A=B=1). Si cualquiera de los dos interruptores está en 0 (abierto), la lámpara estará apagada (L=0).

Por otra parte, se puede observar que las variables A y B son independientes, mientras que la variable L no lo es. L es una función lógica de A y B.

Todo circuito lógico combinacional tiene lo que se llama la "Tabla de Verdad", en la que se representan las diferentes combinaciones de las entradas (A y B) y el resultado obtenido en la salida (F) para cada una de las combinaciones. A continuación, se muestra la tabla de verdad de este circuito:

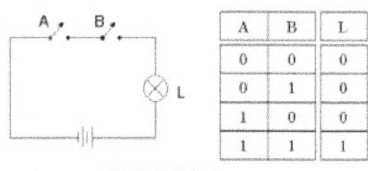

A	B	L
0	0	0
0	1	0
1	0	0
1	1	1

TABLA DE VERDAD

En otras palabras, L=1 si A Y B son 1. Se ha remarcado la letra Y con toda la intención, ya que el circuito mostrado ejecuta la función lógica Y. Normalmente, se emplea para esta función el término en inglés AND.

Entonces, se puede decir que la función L es: L = A AND B.

A esta función también se le llama "producto lógico", pudiéndose escribir como L = A • B, o de manera más simple, L = AB.

La función lógica AND posee un símbolo estándar que es el que se emplea normalmente y otro símbolo bajo la norma IEC, que es el que se utiliza a nivel de programación de autómatas. A continuación, se muestra un resumen de la función lógica AND:

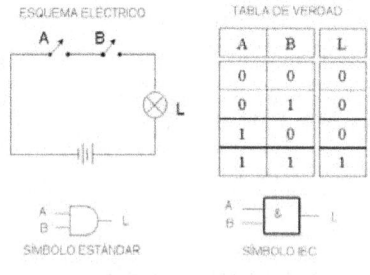

ESQUEMA ELÉCTRICO

TABLA DE VERDAD

A	B	L
0	0	0
0	1	0
1	0	0
1	1	1

SÍMBOLO ESTÁNDAR   SÍMBOLO IEC

RESUMEN DE LA FUNCIÓN LÓGICA AND

MÓDULO CUATRO INSTALACIONES ELÉCTRICAS Y AUTOMATISMOS

U.D. 4 AUTOMATIZACIÓN, FUNDAMENTOS Y ÁREAS DE APLICACIÓN. ÁLGEBRA DE BOOLE, CIRCUITOS LÓGICOS COMBINACIONALES Y SECUENCIALES

2.2.2. Función lógica OR (Función O)

Analicemos el siguiente circuito:

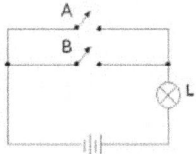

Resulta obvio que la lámpara se enciende si A o B están cerrados, Este circuito se corresponde con la función lógica OR. La función L se puede escribir así: L = A OR B. La función OR también se conoce como "suma lógica" y se puede escribir L=A+B

Finalmente, se muestra la tabla de verdad de la función OR, junto con sus símbolos:

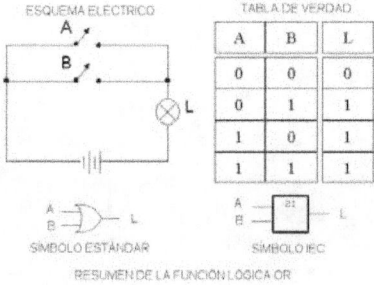

2.2.3. Función lógica NOT (Función Negación)

La última de las tres operaciones lógicas fundamentales, también conocida como negación, complemento o inversión, es más simple que las anteriores. En la figura se puede observar el circuito, que en este caso tiene la particularidad de que si no se pulsa el interruptor (A=0), la luz enciende. En caso de pulsar el interruptor (A=1), la luz se apaga. El estado de L siempre es el contrario que el estado de A.

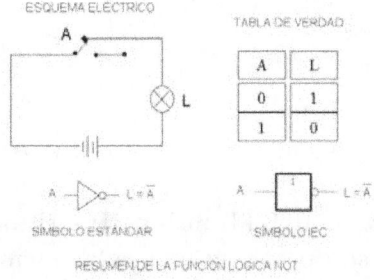

MÓDULO CUATRO INSTALACIONES ELÉCTRICAS Y AUTOMATISMOS

U.D. 4 AUTOMATIZACIÓN, FUNDAMENTOS Y ÁREAS DE APLICACIÓN. ÁLGEBRA DE BOOLE, CIRCUITOS LÓGICOS COMBINACIONALES Y SECUENCIALES

En este caso la notación es: L= NOT A. Para indicar la negación, También se utiliza la colocación de una barra sobre la variable negada, es decir $L = \overline{A}$.

En lógica Booleana se utiliza muy a menudo el termino "Puerta Lógica". Una puerta lógica es simplemente un dispositivo que permite realizar una cierta función lógica. De esta manera, existen puertas lógicas AND, OR y puertas NOT.

Utilizando puertas lógicas que soporten las tres operaciones básicas (AND, OR y NOT), se pueden realizar todas las funciones combinatorias; no obstante, existen otras puertas que también pueden ser utilizadas, tales como las que ejecutan las funciones NAND y NOR. Una puerta NAND está formada simplemente por una puerta AND y un inversor (NOT) en su salida. A continuación se presenta la tabla de verdad y el símbolo de una puerta NAND:

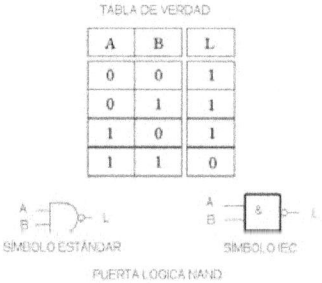

También existen puertas NOR, compuestas por una puerta OR y un inversor en su salida:

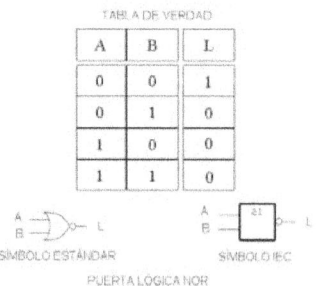

Comercialmente, se dispone de circuitos integrados que contienen puertas lógicas. Posiblemente las que han tenido mayor éxito a nivel comercial son las puertas TTL (Transistor Transistor Logic). Las puertas TTL requieren para su operación una polarización de 5V (VCC=5V). Los niveles de tensión que representan al 0 y al 1 son respectivamente de 0V y de 5V (existe una cierta tolerancia con respecto a estos valores).

MÓDULO CUATRO INSTALACIONES ELÉCTRICAS Y AUTOMATISMOS

U.D. 4 AUTOMATIZACIÓN, FUNDAMENTOS Y ÁREAS DE APLICACIÓN. ÁLGEBRA DE BOOLE, CIRCUITOS LÓGICOS COMBINACIONALES Y SECUENCIALES

En la imagen presentada a continuación, se muestran varias puertas TTL, su empaque y la función lógica que desempeñan:

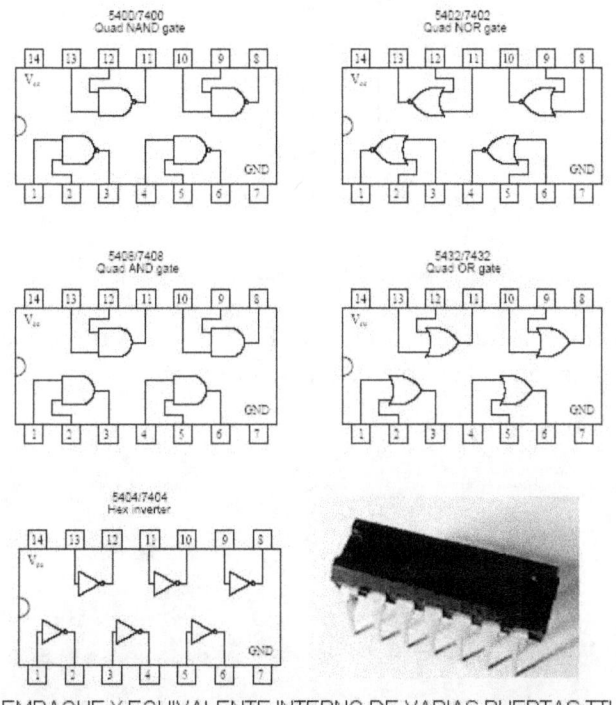

EMPAQUE Y EQUIVALENTE INTERNO DE VARIAS PUERTAS TTL

2.3. Análisis de circuitos lógicos combinacionales sencillos

El análisis de un circuito lógico consiste en la determinación de la tabla de verdad de dicho circuito, junto con la indicación de la expresión lógica de su salida. Citaremos un ejemplo:

Se desea determinar la tabla de la verdad y la expresión lógica del circuito mostrado en la figura:

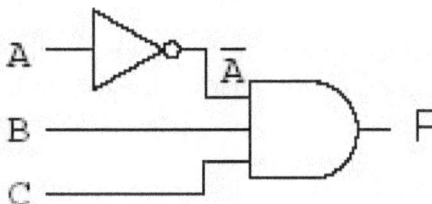

Como se observa, la salida F proviene de una puerta AND con tres entradas. Para que una compuerta AND tenga su salida en 1, ser requiere que todas sus entradas estén simultáneamente en 1. De esta manera, es necesario que las variables B y C estén en 1, mientras que la variable A debe estar en 0.

En definitiva, la tabla de verdad sería la siguiente:

A	B	C	F
0	0	0	0
0	0	1	0
0	1	0	0
0	1	1	1
1	0	0	0
1	0	1	0
1	1	0	0
1	1	1	0

La expresión de la función lógica de F es: $F = \bar{A} \cdot B \cdot C$. Recordemos que también es válida la expresión $L = \bar{A} BC$

Analicemos otro ejemplo:

En este ejemplo ya está indicada la expresión lógica de la salida de la puerta OR, que se obtiene haciendo la suma lógica (función OR) de las dos salidas de las puertas AND ($L = A\bar{B}$ y $\bar{B}A$).

En este caso, la tabla de verdad es la siguiente:

A	B	F
0	0	0
0	1	1
1	0	1
1	1	0

La función combinatoria que se acaba de desarrollar se denomina OR EXCLUSIVO. Esta operación lógica se designa de la siguiente forma:

$$F = A \oplus B$$

La operación OR EXCLUSIVO es lo suficientemente importante como para que los fabricantes de circuitos integrados la tengan en su catálogo. La puerta OR EXLUSIVO tiene incluso un símbolo, que se muestra a continuación:

SÍMBOLO DE LA PUERTA OR EXCLUSIVO

MÓDULO CUATRO INSTALACIONES ELÉCTRICAS Y AUTOMATISMOS

U.D. 4 AUTOMATIZACIÓN, FUNDAMENTOS Y ÁREAS DE APLICACIÓN. ÁLGEBRA DE BOOLE, CIRCUITOS LÓGICOS COMBINACIONALES Y SECUENCIALES

2.4. Síntesis de circuitos lógicos combinacionales

A menudo se presenta la necesidad de sintetizar una función lógica compleja que no se corresponde con las tablas de verdad que se han presentado hasta ahora. A continuación, se describirá un método general para sintetizar funciones lógicas combinacionales. El método es bastante sencillo y resulta válido para hacer la síntesis de cualquier función lógica por más complicada que ésta sea.

Supongamos que se requiere implementar un circuito lógico combinacional con tres entradas (A, B y C), cuya salida cumpla con la siguiente tabla de verdad:

A	B	C	SALIDA	
0	0	0	0	
0	0	1	0	
0	1	0	0	
0	1	1	1	←
1	0	0	0	
1	0	1	1	←
1	1	0	1	←
1	1	1	1	←

La manera más simple de atacar este tipo de problema, es la de analizar por separado cada una de las combinaciones de entradas en las que se requiera que la salida esté en 1. Como se observa, hay 4 combinaciones de entradas que cumplen con las condiciones mencionadas. Analicemos el primero de los casos:

La combinación A=0, B=1 y C=1 requiere que la salida F esté en 1. Si ésta fuese la única condición para tener un 1 en la salida, la función lógica necesaria sería F = $\overline{A}$BC y el circuito lógico correspondiente correspondería con el que analizamos unos páginas atrás:

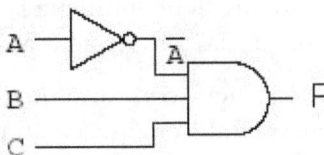

Como son varias las combinaciones de entrada para las cuales la salida es 1, el circuito mostrado no es la respuesta al problema. Se necesita analizar el resto de combinaciones que dan salida 1, indicando la función lógica para cada una de ellas:

A	B	C	SALIDA	
0	0	0	0	
0	0	1	0	
0	1	0	0	
0	1	1	1	$\overline{A}$BC = 1
1	0	0	0	
1	0	1	1	A$\overline{B}$C = 1
1	1	0	1	AB$\overline{C}$ = 1
1	1	1	1	ABC = 1

Para finalizar la síntesis de la función, sólo se requiere hacer la suma lógica (puerta OR) de las cuatro condiciones necesarias para que la salida esté en 1, asegurando así que bajo esas 4 condiciones de entradas, la salida será 1:

$$\text{SALIDA} = \bar{A}BC + A\bar{B}C + AB\bar{C} + ABC$$

Resulta conveniente indicar que la solución de síntesis realizada con el método descrito, no es la solución óptima. Existen métodos más sofisticados que traen como resultado final un número menor de puertas.

A continuación se muestra el esquema lógico de la síntesis realizada:

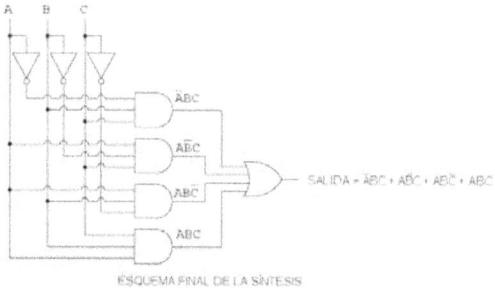

ESQUEMA FINAL DE LA SÍNTESIS

2.5. Circuitos lógicos secuenciales

En los circuitos combinacionales, la señal de salida siempre es función de las entradas aplicadas al mismo. En otras palabras, para cada combinación de entrada, existe un único valor de salida.

En un circuito lógico secuencial, la señal de salida es función de las entradas aplicadas al mismo y de las entradas que se aplicaron con anterioridad. Es un circuito que tiene implícita la función de memorización, ya que el circuito "recuerda" las entradas aplicadas anteriormente.

Este circuito responde a un nuevo conjunto de entradas en función de éstas y de los valores lógicos almacenados en su memoria. Un ejemplo muy sencillo es el de un circuito contador. Un contador es un circuito que cuenta pulsos en su entrada. Cada vez que se presenta un nuevo pulso, el valor del conteo se incrementa en una unidad.

Pregunta sencilla: Si se aplica un pulso en la entrada de un contador, ¿qué valor tendrá el conteo del mismo? La pregunta no tiene respuesta, a menos que se conozca el valor del conteo antes de la aplicación del pulso. Este valor anterior está almacenado en el contador.

En definitiva, los circuitos secuenciales se distinguen por tener implícitamente la capacidad de memorizar y de responder de maneras diferentes según haya sido la secuencia de aplicación de sus entradas.

MÓDULO CUATRO INSTALACIONES ELÉCTRICAS Y AUTOMATISMOS

U.D. 4 AUTOMATIZACIÓN, FUNDAMENTOS Y ÁREAS DE APLICACIÓN. ÁLGEBRA DE BOOLE, CIRCUITOS LÓGICOS COMBINACIONALES Y SECUENCIALES

2.5.1 El biestable RS

El biestable RS o flip-flop RS es un dispositivo lógico secuencial, que posee la facultad de almacenar temporalmente dos estados lógicos diferentes. Sus entradas, R y S, a las que debe su nombre, permiten al ser activadas ejecutar dos funciones diferentes:

Al activar R, ocurre el borrado (Reset en inglés) del biestable, es decir, ocurre la puesta a 0 ó nivel bajo de la salida.

Al activar S, ocurre el grabado (Set en inglés), o puesta a 1 ó nivel alto de la salida.

Si no se activa ninguna de estas dos entradas, el biestable permanecerá, por tiempo indefinido, en el estado que poseía tras la última operación de borrado o grabado. En ningún caso deben activarse ambas entradas a la vez (R=1 y S=1), dado que no se podría determinar el estado en el que quedarían las salidas tras la desaparición de ambas señales.

El biestable posee dos salidas, llamada Q y $\overline{Q}$, ya que una siempre es complementaria de la otra.

Un biestable RS se puede implementar de diversas maneras, una de ellas es mediante el empleo de dos puertas NOR con la siguiente configuración:

BIESTABLE RS

Para comprobar su funcionamiento, le haremos la puesta a 1 (S=1 y R=0).

ESTADO MEMORIZADO

Como se observa, y (comprobarlo utilizando la tabla de verdad de la puerta NOR). Si ahora ponemos en 0 ambas entradas, la situación es la siguiente:

MEMORIZACIÓN TRAS UN SET

MÓDULO CUATRO INSTALACIONES ELÉCTRICAS Y AUTOMATISMOS

U.D. 4 AUTOMATIZACIÓN, FUNDAMENTOS Y ÁREAS DE APLICACIÓN. ÁLGEBRA DE BOOLE, CIRCUITOS LÓGICOS COMBINACIONALES Y SECUENCIALES

El circuito memoriza el estado anterior, recordando que se le aplicó un SET. El circuito permanecerá con y hasta que se aplique una entrada de RESET. De nuevo, se puede comprobar mediante la tabla de verdad del NOR.

Probemos ahora a hacer una puesta a cero:

Se observa que ahora $Q = 0$ y $\bar{Q} = 1$. De nuevo se recomienda que el lector lo compruebe. Tras la puesta a cero O reset, colocaremos ahora S=0 y R=0:

El biestable memoriza que anteriormente se hizo una puesta a 0. Permanecerá en este estado hasta que se aplique un nuevo SET.

Como se comentó anteriormente, en ningún caso deberían activarse ambas entradas a la vez (R=1 y S=1), dado que no se podría determinar el estado en el que quedaría la salida tras la desaparición de ambas señales.

Existen muchos tipos adicionales de biestables, tales como el tipo T, el D, el JK, el JKT, etc. Por su complejidad, no los analizaremos.

MÓDULO CUATRO INSTALACIONES ELÉCTRICAS Y AUTOMATISMOS

U.D. 4 AUTOMATIZACIÓN, FUNDAMENTOS Y ÁREAS DE APLICACIÓN. ÁLGEBRA DE BOOLE, CIRCUITOS LÓGICOS COMBINACIONALES Y SECUENCIALES

RESUMEN

Se entiende por Sistema Automatizado toda máquina o conjunto de máquinas que evoluciona de manera automática (con la mínima intervención humana), respetando unas condiciones de funcionamiento prefijadas.

La automatización trae consigo una serie de ventajas, tales como:

- Aumentar la fiabilidad, el control, la eficacia o productividad y la flexibilidad de un proceso.

- Minimizar tiempos de espera y mejorar la repetitibilidad de fabricación, es decir, que todos los productos fabricados tengan características idénticas.

- Reducir los tiempos de parada.

- Incrementar la seguridad, relevando al operario de tareas peligrosas.

Conseguir una mejor adaptación a contextos especiales: adaptación a entornos y tareas hostiles (tales como entornos corrosivos, húmedos,... y aplicaciones de tipo marino, espacial, nuclear,...).

Como sustitución de las técnicas de control manual en el manejo de aplicaciones, se empleó en la automatización mediante equipos cableados, a partir de cuadros realizados con elementos eléctricos y electromecánicos (tales como relés, contactores,...) con la misión de automatizar un proceso o parte del mismo. Más tarde llegaría la sustitución de los equipos cableados por un Autómata programable. El primero de ellos se llamaba **MO**dular **DI**gital **CON**troller (MODICON). Dadas las ventajas obtenidas en la automatización de procesos productivos mediante este aparato, se han utilizado autómatas con éxito en otros sectores.

Aparte de los procesos productivos, la automatización está presente en otras áreas, tales como el control de edificios y la distribución de energía entre otros.

Cualquier sistema o proceso automatizado está compuesto por los siguientes elementos:

Máquina, instalación, sistema o proceso a automatizar.

Sistema de adquisición de datos.

Sistema de tratamiento de datos.

Sistema de diálogo hombre-máquina.

Sistema de mando de potencia (Accionadores y Preaccionadores)

En líneas generales, existen dos tipos de proceso productivos: Los secuenciales y los continuos.

MÓDULO CUATRO INSTALACIONES ELÉCTRICAS Y AUTOMATISMOS

U.D. 4 AUTOMATIZACIÓN, FUNDAMENTOS Y ÁREAS DE APLICACIÓN. ÁLGEBRA DE BOOLE, CIRCUITOS LÓGICOS COMBINACIONALES Y SECUENCIALES

Todos los elementos del tipo todo o nada son representables por una variable lógica, entendiendo como tal aquella que sólo puede tomar los valores 0 y 1. El conjunto de leyes y reglas de operación de variables lógicas se denomina álgebra de Boole.

Existen tres operaciones básicas en el álgebra booleana: AND, OR y NOT. Con estas tres operaciones y sus respectivas puertas, puede ser representada cualquier función lógica por más compleja que sea.

Todo circuito lógico combinacional tiene lo que se llama la "Tabla de Verdad", en la que se representan las diferentes combinaciones de las entradas y el resultado obtenido en la salida para cada una de las combinaciones.

La función lógica AND da como resultado un 1 cuando todas las entradas a la puerta son iguales a 1.

La función lógica OR da como resultado un 1 cuando una o varias de las entradas a la puerta son iguales a 1.

Comercialmente, se dispone de circuitos integrados que contienen puertas lógicas. Posiblemente las que han tenido mayor éxito a nivel comercial son las puertas TTL (Transistor Transistor Logic).

A menudo se presenta la necesidad de sintetizar una función lógica combinacional compleja que no se corresponde con las tablas de verdad de las puertas básicas. Existe un método general para sintetizar funciones lógicas combinacionales. El método es bastante sencillo y resulta válido para hacer la síntesis de cualquier función lógica, por más complicada que ésta sea.

En un circuito lógico secuencial, la señal de salida es función de las entradas aplicadas al mismo y de las entradas que se aplicaron con anterioridad. Es un circuito que tiene implícita la función de memorización, ya que el circuito "recuerda" las entradas aplicadas anteriormente.

El biestable RS o flip-flop RS es un dispositivo lógico secuencial, que posee la facultad de almacenar temporalmente dos estados lógicos diferentes. Sus entradas, R y S se utilizan respectivamente para hacer la puesta a 0 y la puesta a 1 del biestable.

MÓDULO CUATRO INSTALACIONES ELÉCTRICAS Y AUTOMATISMOS

U.D. 4 AUTOMATIZACIÓN, FUNDAMENTOS Y ÁREAS DE APLICACIÓN. ÁLGEBRA DE BOOLE, CIRCUITOS LÓGICOS COMBINACIONALES Y SECUENCIALES

BIBLIOGRAFÍA

Fóuillé, A.: *Electrotecnia para ingenieros. Máquinas eléctricas*, Aguilar S.A. Ediciones

Gaucheron, E.: *Cahier tecnique. Nº 207. Les moteurs électriques. Pour mieux les piloter et les protéger*, Schneider Electric

Martín Romero, J.: *Electricidad*, Editorial Ramón Sopena, S.A.

Moeller & Werr: *Electrotecnia general y aplicada. Máquinas de cc y ca*, Editorial Labor, S.A.

Vidal Llenas, José: *Curso de Física (5ª Edición)*, Artes Gráficas Grijelmo S.A.

Biblioteca Técnica, Schneider Electric

Enciclopedia Salvat de la Ciencia y de la Tecnología, Salvat Editores S.A.

Manual electrotécnico. Telesquemario. Telemecanique, Schneider Electric

Reference data for Radio Engineers, ITT

Manual de Instalaciones eléctricas y Automatismos

Tomo I

Miguel D'Addario

CE
2016

Este volumen continúa en el Tomo II